软启动器、变频器及PLC控制线路

方大千　孙思宇　等编著

U0338734

化学工业出版社

·北京·

图书在版编目（CIP）数据

软启动器、变频器及 PLC 控制线路/方大千等编
著. —北京：化学工业出版社，2018.3（2023.7重印）
ISBN 978-7-122-31438-3

Ⅰ.①软… Ⅱ.①方… Ⅲ.①起动器②变频器
③PLC技术 Ⅳ.①TM57②TN77③TB4

中国版本图书馆 CIP 数据核字（2018）第 014504 号

责任编辑：高墨荣　　　　　　　　　　　　文字编辑：孙凤英
责任校对：宋　夏　　　　　　　　　　　　装帧设计：刘丽华

出版发行：化学工业出版社（北京市东城区青年湖南街 13 号　邮政编码 100011）
印　　装：北京印刷集团有限责任公司
787mm×1092mm　1/16　印张 13½　字数 307 千字　2023 年 7 月北京第 1 版第 8 次印刷

购书咨询：010-64518888　　　　　　　　售后服务：010-64518899
网　　址：http://www.cip.com.cn
凡购买本书，如有缺损质量问题，本社销售中心负责调换。

随着科技的进步和电子技术的快速发展，软启动器、变频器、PLC、LOGO！及电子模块在电动机控制线路中的应用越来越广泛，电动机控制线路中的科技含量有了很大的提高。

本书从生产实际出发，收集了各类典型的电动机软启动、变频调速、控制保护线路，基本上反映出当今时代电动机控制的新技术。

为了帮助读者识图和实际应用，除详细地介绍了每一个线路的工作原理外，还在各章开头，对软启动器、变频器、PLC、LOGO！及电子模块等的基本知识、产品技术性能、元器件的选择、参数设置、编程、梯形图及使用要点等作了阐述。本书对于提高电工掌握电动机控制新技术及处理故障能力有很大的帮助，对电动机控制的设计和研发人员也有很好的参考价值。

本书由方大千、孙思宇等编著。参加和协助本书编写工作的还有朱丽宁、方欣、方亚平、朱征涛、许纪明、张正昌、方亚敏、张荣亮、卢静、刘梅、那宝奎、费珊珊等。全书由方大中、郑鹏高级工程师审校。

限于编著者的经验和水平，书中难免有不足之处，敬请广大读者批评指正。

编著者

目录

第 3 章　PLC 控制线路 / 147

第 4 章　LOGO! 控制线路 / 170

第1章

软启动器和电子模块控制线路

1.1 软启动器的特点、选用与调整

1.1.1 软启动器的特点及主要功能

(1) 软启动器的工作原理

软启动器是一种集电动机软启动、软停车、轻载节能和多种保护功能于一体的新颖笼型异步电动机控制装置。软启动器具有无冲击电流、恒流启动、可自由地无级调压至最佳启动电流及节能等优点。

软启动器是目前最先进、最流行的电动机启动器。它一般采用16位单片机进行智能化控制，可无级调压至最佳启动电流，保证电动机在负载要求的启动特性下平滑启动，在轻载时能节约电能。同时，对电网几乎没有什么冲击。

软启动器实际上是一个调压器，只改变输出电压，并没有改变频率。这一点与变频器不同。

软启动器本身设有多种保护功能，如限制启动次数和时间，过电流保护，电动机过载、失压、过压保护，断相、接地故障保护等。

图1-1为软启动器的原理图。图中V、W相方框内的元件同U相。

工作原理：在软启动器中三相交流电源与被控电动机之间串有三相反并联晶闸管及电子控制电路。利用晶闸管的电子开关特性，通过软启动器中的单片机控制其触发脉冲、触发角的大小来改变晶闸管的导通程度，从而改变加到定子绕组上的三相电压。异步电动机在定子调压下的主要特点是电动机的转矩近似与定子电压的平方成正比。当晶闸管的导通角从0°开始上

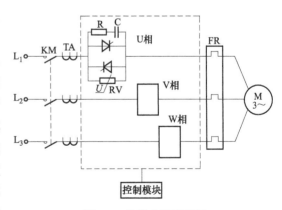

图1-1 软启动器原理图

升时，电动机开始启动。随着导通角的增大，晶闸管的输出电压也逐渐增高，电动机便开始加速，直至晶闸管全导通，电动机在额定电压下工作。电动机的启动时间和启动电流的最大值可根据负荷情况设定。

软启动器可设定的最大启动电流为直接启动电流的 0.99 倍；可设定的最大启动转矩为直接启动转矩的 0.80 倍；线电流过载倍数为电动机额定电流的 1～5 倍。软启动器可实现连续无级启动。

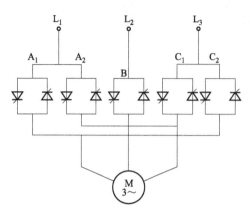

图 1-2　软启动器正反转控制原理电路

软启动器控制电动机正反转电路如图 1-2 所示。从图中可见，控制电路由 5 组晶闸管组成。

当电动机正转时，投入 A_1、B、C_1 共 3 组晶闸管；当电动机反转时，投入 A_2、B、C_2 共 3 组晶闸管。从而实现电动机的正反转控制。在电动机正反转过程中，还可根据需要对电动机直接进行反接控制，使电动机由正转运行迅速转变为反转运行。也可在电动机正转运行时，先对电动机进行直流能耗制动，能耗制动完毕，电动机立即自动投入反转运行。此时晶闸管由 A_1、B、C_1 导通供电改为 A_2、B、C_2 导通供电。采用直流能耗制动，可按预先设置的程序由小到大逐渐增加制动力矩，且制动电流由小到大的变化时间可根据工况的需要调整。能耗制动的优点是制动电流较小，冲击转矩小，可延长电动机的使用寿命。

(2) 软启动器与传统降压启动方式的不同

传统笼型异步电动机的启动方式有星-三角启动、自耦降压启动、电抗器降压启动、延边三角形降压启动等。这些启动方式都属于有级降压启动，存在着以下缺点：即启动转矩基本固定、不可调，启动过程中会出现二次冲击电流，对负载机械有冲击转矩，且受电网电压波动的影响。软启动器可以克服上述缺点。软启动器具有无冲击电流、恒流启动、可自由地无级调压至最佳启动电流及轻载时节能等优点。

各种启动方式的比较见表 1-1。

表 1-1　各种启动方式的比较

启动方式	全压	自耦降压	星-三角换接	软启动	变频启动
电动机端子电压	U_e	KU_e	U_e	$(0.3～1)U_e$	$0～U_e$
电动机绕组电流	I_q	KI_e	$\frac{1}{\sqrt{3}}I_q$	$(0.5～5)I_e$	$(1.3～1.5)I_e$
电动机启动转矩	M_q	$K^2 M_q$	$\frac{1}{3}M_q$	$(0.3～1.6)M_e$	$(1.2～2)M_e$
配电系统总电流	I_q	$K^2 I_q$	$\frac{1}{3}I_q$	$(0.5～5)I_e$	$(1.3～1.5)I_e$
优缺点及应用范围概述	启动电流大	启动电流小	启动电流小	启动电流较大	启动电流大
	启动转矩大	启动转矩较大	启动转矩小	启动转矩较大	启动转矩大
	能频繁启动	不能频繁启动	能频繁启动	能频繁启动	能频繁启动
	投资最省	价格较高	投资较省	价格较高	价格高
	应用最广	应用较广	应用较广	设备较复杂	设备复杂

注：U_e—电动机额定电压；I_e—电动机额定电流；I_q—电动机启动电流；M_e—电动机额定转矩；M_q—电动机启动转矩；K—启动电压/额定电压。

（3）软启动器的适用场合

根据软启动器的功能，它适用于以下场合。

① 要求减小电动机启动电流的场合。

② 正常运行时电动机不需要具有调速功能，只解决启动过程的工作状态。

③ 在正常运行时负载不允许降压、降速。

④ 电动机功率较大（如大于 100kW），启动时会给主变压器运行造成不良影响。

⑤ 电动机运行对电网电压要求严格，电压降不大于 $10\%U_e$。

⑥ 设备精密，设备启动不允许有启动冲击。

⑦ 设备的启动转矩不大，可进行空载或轻载启动。

⑧ 中大型电动机需要节能启动。从初投资看，功率在 75kW 以下的电动机采用自耦减压启动器比较经济，功率为 90～250kW 的电动机采用软启动器较合算。

⑨ 短期重复工作的机械。这里指长期空载（轻载小于 35%）、短时重载、空载率较高的机械，或者负载持续率较低的机械，如起重机、皮带输送机、金属材料压延机、车床、冲床、刨床、剪床等。

⑩ 需要具有突跳、平滑加速、平滑减速、快速停止、低速制动、准确定位等功能的工作机械。

⑪ 长期高速、短时低速的电动机。当其负载率低于 35% 时，采用软启动器有较好的节能效果。

⑫ 有多台电动机且这些电动机不需要同时启动的场合。

⑬ 不允许电动机瞬间关机的场合。如高层建筑等水泵系统，若瞬间停车，会产生巨大的"水锤"效应，使管道甚至水泵损坏。

⑭ 特别适用于各种泵类负载或风机类负载，需要软启动与软停车的场合。

⑮ 对于高压（中压）异步电动机，可以采用软启动器或变频器软启动。采用降压变压器—低压变频器—升压变压器的方案投资要比软启动器多 2～4 倍。一般来说，对启动转矩小于 50% 的负载，宜采用软启动器；而对启动转矩大于 50% 的负载，则宜采用变频器。

⑯ 需要方便地调节启动特性的场合。

典型设备的软启动效果及启动电流见表 1-2。

表 1-2　典型设备的软启动效果及启动电流

机械设备	运行方式	效　　果	启动电流与额定电流之比
旋转泵	标准启动	避免压力冲击,延长管道的使用寿命	3
活塞泵	标准启动	避免压力冲击,延长管道的使用寿命	3.5
通风机	标准启动	使三角皮带和变速机构的损伤最小	3
传送带及其他物料传输装置	标准启动＋脉冲突跳	启动平稳、基本无冲击现象,可降低对皮带材料的要求（$t>$30s）	3
圆锯、带锯	标准启动	降低启动电流	3
搅拌机、混料机	标准启动	降低启动电流	3.5
磨粉机、碎石机	重载启动	降低启动电流	4～4.5

（4）软启动器的主要功能

软启动器借助于单片机进行控制，它通常具备以下主要功能。

① 自检功能。软启动器通电后，系统内部进行自检，如果有故障则立即告警。

② 额定电流设定。电动机额定电流应为软启动器额定电流的 70％～100％。一旦软启动器的额定电流确定，也同时设定了电子过载保护器的跳闸等级。

③ 软启动功能。接到启动命令，软启动器自动进入启动程序，在规定的时间内（一般为 0.5～60s 可调）输出一个呈线性上升的电压给电动机。其初始电压即为电动机的启动电压。初始电压一般设定为 10％～60％的电动机额定电压；终止电压为电动机的额定电压。在启动操作前，启动电压的大小、上升时间等参数均可预先设定。对电动机的转矩可在 5％～90％的锁定转矩值之间调节。软启动器的启动特性曲线如图 1-3 所示。

④ 脉冲突跳启动功能。若负载在静止状态且具有较大阻力矩的状态下启动，可在斜坡软启动开始之前采用脉冲突跳启动。例如向电动机施加 95％的额定电压、时间 0.5s，以克服电动机起步时的阻力矩。软启动器可提供 500％额定电流的电流脉冲，调整时间范围为 0.4～2s。突跳启动的特性曲线如图 1-4 所示。

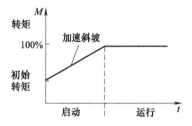

图 1-3　软启动器的启动特性曲线

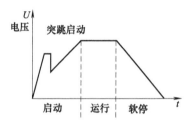

图 1-4　突跳启动特性曲线

⑤ 平滑加速及平滑减速功能。通过单片机分析电动机变量的状态并发出控制命令，可对类似离心泵负载的启动及停止平滑地加速及减速，来减小系统中出现的喘振。启动时间可在 2～30s 之间调整，停止时间可在 2～120s 之间调整。平滑加速和平滑减速的特性曲线如图 1-5 所示。

⑥ 旁路切换功能。当启动结束、电动机达到额定转速时，软启动器输出切换信号，将电动机旁路切换至电网供电，以降低软启动器长期运行的热损耗。可以采用一台软启动器分别控制多台电动机的启动。

⑦ 软停止功能。软启动器在接到软停机的指令后，自动执行软停止程序，输出电压从额定值线性降至启动时的初始值。软停止斜坡时间可单独设定，一般在 0～240s 内。

⑧ 快速停止功能。该功能用在比自由停车快的场合。制动在设有附加的接触器或附加电源设备的情况下完成。制动电流的大小可在满载电流的 150％～400％之间调整。

⑨ 低速制动功能。该功能主要用于电动机需正向低速定位停车和需要制动控制停车的场合。慢速调制速度为额定速度的 7％（低）或额定速度的 15％（高）；低速加速电流，当加速时间为 2s 时，可在 50％～400％之间调整；制动电流可在 150％～400％之间调整；低速电流限制可在满载电流的 50％～450％之间调整；不能采用突跳启动。低速制动特性曲线如图 1-6 所示。

⑩ 电流限制功能。最大软启动电流可以设置。若启动电流超过该设定值，电动机电压

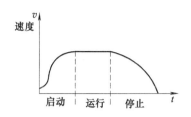

图1-5 平滑加速及平滑减速的特性曲线

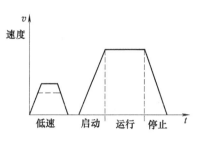

图1-6 低速制动特性曲线

将受到限制不再升高，直到电动机电流降到电流设定值为止。通常电流限制的设定值为200%～500%的电动机额定电流（可调）。在启动过程中，若在规定时间内电流无法降至电流限制的设定值水平之下，则过电流切除功能投入运行，终止启动操作。

⑪ 节能功能。当电动机负载较轻时，软启动器自动降低施加于电动机上的电压，从而提高电动机的功率因数，达到节能的目的。

⑫ 保护功能。

a. 过热保护。当软启动器散热器的温度超过设定值时，温度传感器动作，保护电路切断软启动器的输出。

b. 晶闸管损坏保护。当一个或多个晶闸管损坏时，软启动器将报警。

c. 缺相保护。当三相交流电源发生缺相故障时，软启动器将立即关断并显示故障。

1.1.2 软启动器的选用

(1) 软启动器选择

软启动器的选择通常根据负载启动难易的类型来进行。

1) 常见负载类型及软启动器选型见表1-3。

表1-3 常见负载类型及软启动器选型

序号	设备名称	负载类型	所选用软启动器型号	软启动器选型依据
1	离心泵	标准负载	ATS48	10级标准应用
2	离心式压缩机	标准负载	ATS48	10级标准应用
3	75kW及以下离心风机	标准负载	ATS48	10级标准应用
4	90kW及以上离心风机	重型负载	ATS48	20级重载应用
5	活塞泵	重型负载	ATS48	20级重载应用
6	罗茨风机	重型负载	ATS48	20级重载应用
7	螺杆机	重型负载	ATS48	20级重载应用
8	提升机	重型负载	ATS48	20级重载应用
9	牵引机	重型负载	ATS48	20级重载应用
10	传送带	重型负载	ATS48	20级重载应用
11	平移运输机械	重型负载	ATS48	20级重载应用
12	搅拌机	重型负载	ATS48	20级重载应用
13	研磨机	重型负载	ATS48	20级重载应用
14	振动机	重型负载	ATS48	20级重载应用
15	破碎机	重型负载	ATS48	20级重载应用

2）ABB 公司生产的软启动器的选型。ABB 公司生产的 PSA、PSD 和 PSDH 型软启动器，其中 PSA、PSD 型为一般启动型，PSDH 型为重载启动型。

① 软启动器型号的选择

a. 泵：选择 PSA 或 PSD 型。PSD 型软启动器有一特别的泵停止功能（级落电压），使在停止斜坡的开始瞬间降低电动机电压，然后再继续线性地降至最终值，这提供了停止过程可能的最软的停止方法。

b. 鼓风机：当启动较小功率的风机时，可选择 PSA 或 PSD 型；启动带重载的大型风机时，应选择 PSDH 型。其内部的过载继电器可保护电动机过于频繁启动引起的过热现象。

c. 空压机：选用 PSA 或 PSD 型。选用 PSD 型可以提高功率因数和电动机效率，减小空载时的电能消耗。

d. 输送带：一般可选用 PSA 或 PSD 型。如果输送带的启动时间较长，应选用 PSDH 型。

各软启动器可用于螺旋式输送机、滑轮提升机、液压泵、搅拌机、环形锯等。根据运行数据的计算，选择适当的软启动器，可用于破碎机、轧机、离心机及带形锯等。

② 软启动器的型号规格　这 3 种类型的软启动器的型号规格见表 1-4。

表 1-4　软启动器的型号规格

项　目	单位及信号器	PSA	PSD	PSDH
应用场合		一般启动	一般启动	重载启动
功率范围	$200\sim230V$　kW	$4\sim18.5$	$22\sim250$	$7.5\sim200$
	$380\sim415V$　kW	$7.5\sim30$	$37\sim450$	$14\sim400$
	$500V$　kW	$11\sim37$	$45\sim560$	$18.5\sim500$
	$690V$　kW	—	$355\sim800$	—
内部电子过载继电器		无	无①或有	有
功能（用于设定的电位器）：				
启动斜坡时间（START）	s	$0.5\sim30$	$0.5\sim60$	$0.5\sim60$
初始电压（U_{1N1}）		30%（不可调）	$10\%\sim60\%$	$10\%\sim60\%$
停止斜坡时间（STOP）	s	$0.5\sim60$	$0.5\sim240$	$0.5\sim240$
级落电压（U_{SD}）		无	$100\%\sim30\%$	$100\%\sim30\%$
启动电流限制（I_{LIM}）		$2\sim5I_e$	$2\sim5I_e$	$2\sim5I_e$
可调额定电动机电流（I_e）		无	$70\%\sim100\%$②	$70\%\sim100\%$
用于选择的开关：				
节能功能（PF）		无	有	有
脉冲突跳启动（KICK）		无	有	有
大电流开断（SC）	无	有	有	有
节能功能反应时间、正常速/慢速（TPF）	无	有	有	有
信号继电器用于：	信号继电器　信号灯			
启动斜坡完成	K5　（T）③	有	有	有
运行	K4　（R）	无	有	有
故障	K6　（F1 和/或 P2）	无	有	有
过载	K3　（OVL）	无	有①④	有
电源电压	—　（On）	有	有	有
节能功能激活	—　（P）	无	有	有
认可	UL	有	有④	有

① 带内部电子过载继电器。

② 只适用于 $U_e=690V$，$50\%\sim100\%$。

③ 不适用于 PSA。

④ 不适用于 690V。

(2) 常用软启动器的种类

常用软启动器有以下一些种类：

① 国产软启动器。有 JKR 系列、WJR 系列、JLC 系列、CR1 系列、JJR 系列软启动，以及 JQ、JQZ 型交流电动机固态节能启动器等。JQ、JQZ 型软启动器分别用于启动轻负载和重负载，电动机最大功率可达 800kW。

② 瑞典 ABB 公司生产的 PSA、PSD 和 PSDH 型软启动器。其中，PSDH 型用于启动重负载，适用电动机功率为 7.5～450kW，最大功率达 800kW。

③ 美国 GE 公司生产的 ASTAT 系列软启动器。电动机功率可达 850kW，额定电压为 500V，额定电流为 1180A，最大启动电流为 5900A。

④ 美国罗克韦尔公司生产的 AB 品牌软启动器。有 STC、SMC-2、SMCPLUS 和 SMC Dialeg PLUS 四个系列，额定电压为 200～600V，额定电流为 24～1000A。还有美国 BEN-SHAM 公司生产的 RSD6 型软启动器等。

⑤ 法国施耐德电气公司生产的 Altistart 46 型软启动器。有标准负载和重负载应用两大类，额定电流为 17～1200A，共有 21 种额定值，电动机功率为 2.2～800kW。

⑥ 德国西门子公司生产的软启动器。3RW22 型的额定电流为 7～1200A，共有 19 种额定值。

⑦ 英国欧丽公司生产的软启动器。如 MS2 型，适用电动机功率为 7.5～800kW，共有 22 种额定值。

此外，还有英国 CT 公司生产的 SX 型和德国 AEG 公司生产的 3DA、3DM 型等软启动器。

(3) 常用软启动器的技术指标

① 常见软启动器的主要技术性能指标见表 1-5。

表 1-5 常用软启动器的主要技术指标

技术指标内容	ABB PSD/PSDH 系列	西门子 3RW30 系列	AB SMC 系列	GE QC 系列
额定电压/V	220～690	220～690	220～600	220～500
额定电流/A	14～1000	5.5～1200	24～1000	14～1180
起始电压	10%～16%	30%～80%	10%～60%	10%～90%
脉冲突跳	90%	20%～100%	有	95%
电流限幅倍数	2～5	2～6	0.5～5	2～5
加速斜坡时间/s	0.5～60	0.5～60	2～30	1～999
旁路控制模式	有	有	有	有
节能控制模式	有	有	有	有
线性软停机/s	0.5～240	0.5～60	选项	1～999
非线性软停机/s	无	5～90	选项	有
直流制动	无	20%～85%	选项	有

② CR1 系列软启动器的主要技术参数见表 1-6。

③ 奥托 QB4 软启动器的技术特点见表 1-7。

表 1-6　CR1 系列软启动器的主要技术参数

型号	壳架代号	软启动器额定电流 I_e/A	被控制四极电动机额定功率 P_e/kW	额定工作电压 U_e/V	额定冲击耐受电压 U_{imp}/V	额定绝缘电压 U_i/V	额定控制电源电压 U_s/V	使用类别
CR1-30	63	30	15	400 (50Hz)	8000	690	230 (50Hz)	AC-53a
CR1-40		40	18.5					
CR1-50		50	22					
CR1-63		63	30					
CR1-75	105	75	37					
CR1-85		85	45					
CR1-105		105	55					
CR1-142	175	142	75					
CR1-175		175	90					
CR1-200	300	200	110					
CR1-250		250	132					
CR1-300		300	160					
CR1-340	450	340	185					AC-53b
CR1-370		370	200					
CR1-400		400	220					
CR1-450		450	250					

　　注：CR1-340、CR1-370、CR1-400、CR1-450 软启动器的使用类别为 AC-53b，即软启动器启动电动机完毕后，必须旁路运行。

表 1-7　奥托 QB4 软启动器的技术特点

项　目		技　术　指　标
主电路	功率器件	晶闸管模块/普通晶闸管
	主电路电源	三相 380×(0.85～1.10)V，50Hz/60Hz
	主电路功耗	每相每安培小于 2W
	功率器件电压	≥1400V
	dv/dt 保护	阻容滤波电路，压敏电阻
控制电路	控制电路电源	单相 220×(0.85～1.10)V，50Hz/60Hz
	控制电压	＋12V
	控制电路功耗	5W
	启动指令	无源触点，键盘，计算机指令
启动参数	启动方式	斜坡启动，突跳启动
	起始电压	100～380V
	启动时间	0～120s
	突跳时间	0～3s
故障保护	电源故障保护	断相、欠电压
	设备故障保护	晶闸管短路、过热

续表

项 目		技 术 指 标
辅助输出	运行辅助输出	常开/常闭继电触点,AC 250V/2A
	故障辅助输出	常开/常闭继电触点,AC 250V/2A
数字通信（选配）	通信协议	QB-DLT™
	通信速率	187.5Kbit/s
	通信距离	1200m(无中继),13200m(有中继)
	通信站点	99 个(软启动器),31 个(计算机)
环境条件	运行温度	−5～+40℃
	储存温度	−25～+55℃
	相对湿度	20％～90％RH,不结露
	海拔	<2000m,额定值不变
		>2000m,额定值−5％/100m
其他	外壳防护等级	IP20
	工作方式	短时工作制

④ BS 公司高压（中压）软启动器的主要性能数据见表 1-8。

表 1-8 BS 公司高压（中压）软启动器主要性能数据

项 目		性能数据及功能
产品标准和认证		ANSI、CSA、IEEE、UL、NEC、EEMAC、NEMA、OSHA
功率范围		300～14000hp(225～10000kW)
额定工作电压		6kV、6.6kV、7.2kV、10kV、13.2kV
峰值绝缘电压		7.2kV 时为 18.2kV,13.8kV 时为 36kV
软启动器压降		无旁路时,3.5V;带旁路接触器时,小于 1V
晶闸管触发技术		光纤触发
额定短路承受能力		50kA
过载能力		500％过载,30s;120％过载,长期连续运行
总效率		无旁路时,99.7％;带旁路接触器时,99.9％
启动控制	初始启动电流	$(50％～400％)I_e$
	斜坡时间	0.120s
	脉冲突跳时间	最大 90％,1～10s
制动控制方式		自由停车、软停车、泵停机、直流制动
保护和监控		电源过电压、欠电压、失压保护,过电流、电流不平衡保护,电源频率监控,相序监控,电动机堵转保护、过热保护,接地监控,晶闸管短路监控,CPU 故障监控,功率因数监控,启动时间限制,启动器参数备份,密码保护,可编程继电器输出,紧急再启动功能,相关事件记录(可记录 99 个最近的参数值)
通信功能		RS-232/RS-485 串行口
结构形式		NEMA1、NEMA3R、NEMA12

(4) 使用软启动器的注意事项

1) 软启动器对工作环境的要求 软启动器只有在规定的环境下才能安全可靠地工作。

若环境条件中有不满足其要求的，则应采取相应的改善措施。软启动器的环境条件规定如下：

① 环境温度：根据产品不同，有 0～＋40℃；－25～＋40℃和－40～＋40℃等。

② 相对湿度：20％～90％，不结露，无冰冻。

③ 没有腐蚀性、可燃性气体。

④ 无滴水，无热源，无直接日晒，通风良好。

⑤ 海拔：安装地点的海拔不超过 2000m。

⑥ 振动：软启动器能承受的振动条件是振动频率为 10～150Hz，振动加速度不大于 5m/s²。

2）软启动器使用的注意事项

① 软启动器本身没有短路保护，为了保护其中的晶闸管，应该采用快速熔断器。快速熔断器应根据软启动器的额定电流来选择。须指出，由于低压断路器开断时间较长（约为 0.1s），不宜用于晶闸管的保护。

② 当软启动器使电动机制动停机时，只是由于晶闸管不导通，使电动机的输入电压为 0V，但在电动机与电源之间并没有形成电气隔离，因此在检修电动机或线路时，必须切断供电电源。为此，应在软启动器与电源之间增设断路器。

③ 当软启动器功率较大或者台数较多时，产生的高次谐波会对电网造成不良影响，并对电子设备产生干扰。为此，可在电动机的启动线路中装设旁路接触器，当电动机平稳启动至正常转速时，旁路接触器闭合，把软启动器短接。即在启动完成之后，大功率晶闸管不再工作，从而消除高次谐波对电网及电子设备的干扰。

④ 软启动器内置有多种保护功能（如失速及堵转测试、相间平衡、欠载保护、欠电压保护、过电压保护等），具体应用时应根据实际需要通过编程来选择保护功能或使某些保护功能失效。比如，在突然断电比过负载造成的损失更大的场合，其过负载保护应作用于信号而不应作用于切断电路。

⑤ 软启动器的使用环境要求比较高，应做好通风散热工作，安装时应在其上、下方留出一定空间，使空气能流过其功率模块。当软启动器的额定电流较大时，要采用风机降温。

1.1.3 软启动器的操作与调整

(1) 软启动器的操作

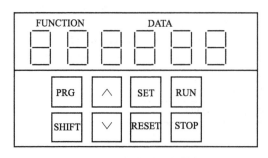

图 1-7　STR 软启动器操作键盘

① 操作键盘。以西普 STR 软启动器为例，其操作键盘如图 1-7 所示。

图中，显示框有 6 位数（LED 显示），前两位为功能显示（功能码），后四位为数据显示（数据码）。同时可显示输出电流、电压，保护时可显示故障类型。各按键功能如下：

PRG 键——进入和退出编程键；

SHIFT 键——在编程状态下查找功能

码，连续按此键，可循环显示各功能码；

∧∨键——在编程状态下修改数据，∧键增大，∨键减小；

SET 键——将修改后的参数存入存储器；

RESET 键——保护动作时，用此键可消除警报，回到运行等待状态；

RUN 键——按此键使电动机启动；

STOP 键——按此键使电动机停止。

② 操作方法。西普 STR 软启动器具体操作如下：

接通电源，显示屏显示"rdy"，即运行等待。按一下 PRG 键即进入编程状态"dl0"。如果要修改数据，则按∧键或∨键。修改完毕，按一下 SHIFT 键，换到下一功能代码。连续按此键，可循环显示各功能码。如还有数据要修改，则重复上述功能。每次修改的数据，必须在显示"PE000"时按下 SET 键（存储命令键），将功能参数存入存储器。否则，断电后，维持修改前的数据。如果还有功能参数需设置或修改，再按一下 PRG 键。显示屏又会显示"rdy"，再次进入运行等待状态。如果不再修改，则按一下 SHIFT 键、SET 键、PRG键，回到"rdy"。

设置完毕的软启动器即可投入使用。合上总电源开关，显示屏即显示"rdy"（运行等待），按下 RUN 键，电动机即软启动。按下 STOP 键，电动机即软停机。

如果软启动器中的保护装置动作，发出报警信号，按下 RESET 键，即可消除报警。

(2) 软启动器的调整

这里以 WJR 节电型软启动器为例（其面板如图 1-8 所示）介绍其调整方法：

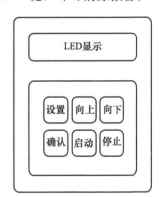

图 1-8 WJR 节电型软启动器的面板

① 接通电源，WJR 节电型软启动器面板上的 LED 显示器显示为 A（电流）或 V（电压）。

② 按"设置"键进入调整状态，此时 LED 的第 1 位显示"P"，第 5 位显示相应参数的项目序号（见表 1-9）。

③ 按"向上"或"向下"键，选择参数的项目序号，按"确认"键即可进入该项的调整状态。

④ 再按"向上"或"向下"键，修改该项参数值。

⑤ 然后按"确认"键，LED 显示"OK"，即表明所设定的参数已储存。

⑥ 最后按"设置"键，退出该项。

同样可进行其他参数的设定和调整。

表 1-9 参数的项目序号及内容

序号	项目内容	参数	出厂值
1	电压/电流显示选择	1 为电压，0 为电流	0
2	额定电流值/A	随电动机功率改变	
3	启动电流倍数	1.5～4.0	3.0
4	起始导通角/(°)	60～120	80
5	软停时间/s	0～120	0
6	软停终止电压/V	120～300	150

序号	项目内容	参 数	出 厂 值
7	过载选择	1 为重载,0 为标准	0
8	节能选择	1 为节能,0 为全压	1
9	节能率调整	1~20	8

(3) 软启动器内部电流整定值的设置

软启动器内部过载保护电流的整定值约为电动机额定电流的 1.2 倍;节能运行时自动切换整定值为电动机额定电流的 0.7 倍。Y 系列四极电动机各种功率的整定值见表 1-10。

表 1-10　软启动器内部电流整定值

电动机额定值		互感器变化	互感器二次电流额定值/A	节能切换整定值/A	过载保护电流值/A
功率/kW	电流/A				
11	23	50/1	0.46	0.32	0.55
15	30	50/1	0.60	0.42	0.72
18.5	36	75/1	0.60	0.42	0.72
22	43	75/1	0.60	0.42	0.72
30	57	100/1	0.58	0.40	0.70
37	70	100/1	0.70	0.50	0.84
40	72	100/1	0.72	0.50	0.90
45	84	150/1	0.56	0.40	0.68
55	103	150/1	0.68	0.50	0.80
75	140	300/1	0.46	0.32	0.56
90	164	300/1	0.54	0.38	0.64
110	202	400/1	0.50	0.36	0.60
132	242	500/1	0.48	0.34	0.58
160	294	500/1	0.58	0.40	0.70
180	331	600/1	0.62	0.44	0.74
200	367	600/1	0.62	0.44	0.74
220	404	800/1	0.58	0.40	0.70
250	459	800/1	0.58	0.40	0.70
280	514	1000/1	0.52	0.36	0.62
315	578	1000/1	0.58	0.40	0.70

(4) 软启动器功能代码及状态显示代码

① 西普 STR 软启动器功能及代码　西普 STR 软启动器功能及代码见表 1-11。

表 1-11　西普 STR 软启动器功能及代码

可编程代码	功　能	说明及数据	出厂设定值
d10----	初始电压设定	0~380V	40

续表

可编程代码	功 能	说明及数据	出厂设定值
d20---	上升时间设定	0～600s	30
d30---	启动电流限幅值设定	显示值为电动机额定电流百分比(40%～800%)	150
d40---	软停车时间设定	1～100s	1
d50---	运行过流值设定	显示值为电动机额定电流百分比(20%～300%)	200
d70---	最大启动电流保护值设定	显示值为电动机额定电流百分比(400%～600%)	400
d7000-	操作方式设定	1. 键盘操作;2. 远控操作;3. 键盘和远控操作均可	1
d80---	软启动器额定电流值显示	此项只可查看,不可修改	控制器标称电流值
cd---	控制模式设定	1. 电压斜坡控制;2. 电流限幅控制;3. 点动控制	2
cd--	停车方式设定	0. 自由停车;1. 软停车	0
PE0000	允许写入状态	在该状态下,按 SET 键才可将修改后的新数据记忆在存储器	

注: - 表示可修改数据码的有效位。

② 西普 STR 软启动器状态显示代码及保护功能 西普 STR 软启动器状态显示代码及保护功能见表 1-12。

表 1-12 西普 STR 软启动器状态显示代码及保护功能

状态显示代码	状态说明	参考原因	对 策
rdY--	启动等待状态,最后两位为启停方式		
PU----	运行状态,后四位显示运行电流		
Phr	相序错误		调换任意两相输入电源线
PhO	输入电源断相		检查三相电源是否可靠接入
Pr 01	启动过电流保护	启动电流超过保护电流设定值	根据负载调整启动时间或初始电压
Pr 02	I^2t 保护	限流参数过小或启动时间过长	适当加大限流值或减少启动时间

续表

状态显示代码	状态说明	参考原因	对　策
Pr 03	运行过电流保护	负载突然加重或负载波动太大	调整负载运行状态
Pr 04	电动机过载保护	是否超载运行	减小负载
Pr 05	违反规程启动保护	违反操作程序	重新确认控制模式
Pr 06	断相保护	在启动或运行过程中缺相	检查三相电源是否可靠接入
Pr 07	干扰保护	外部干扰信号太强	查找并消除干扰源
Pr 08	参数故障保护	设定参数丢失	检查各参数并重新设定
OH	过热保护	启动器内散热器过热	减小启动电流或降低启动频度

1.1.4 软启动器外围元件的选择

(1) 软启动器输入侧接触器和旁路接触器的选择

① 软启动器输入侧交流接触器的选择　软启动器输入侧交流接触器的作用是为了提高主电路的安全性和可靠性。其选择与变频器输入侧交流接触器类同。

② 软启动器旁路接触器的选择　软启动器启动完毕，旁路接触器吸合，使软启动器工作在旁路状态，从而减小软启动器晶闸管的热耗散功率，以延长软启动器的使用寿命，同时还可防止雷电及操作过电压等对软启动器晶闸管的损害。但软启动器旁路运行时，提供的过电流、过载、缺相、欠电压等电子保护功能仍维持。

旁路接触器的选择同输入侧交流接触器的选择。

(2) 软启动器保护快速熔断器的选择

① 快速熔断器的额定电压应大于交流线电压。对于 380V 电源电压，应取 500V、750V 的额定电压。

② 快速熔断器的允通能量 I^2t 值应小于晶闸管元件的允通能量 I^2t 值。

例如，CR1 系列软启动器快速熔断器的选用见表 1-13。

表 1-13　CR1 系列软启动器快速熔断器的选用

软启动器		400V、65kA 快速熔断器(最大值)		
型　　号	晶闸管整流器 I^2t	型　　号	额定电流/A	I^2t
CR1-30	18000	RST3-250/80	80	13440
CR1-40	18000	RST3-250/80	80	13440

续表

软启动器		400V、65kA 快速熔断器(最大值)		
型　　号	晶闸管整流器 I^2t	型　　号	额定电流/A	I^2t
CR1-50	18000	RST3-250/80	80	13440
CR1-63	125000	RST3-250/200	200	107000
CR1-75	125000	RST3-250/200	200	107000
CR1-85	281000	RST3-250/200	200	107000
CR1-105	320000	RST3-250/200	250	246200
CR1-142	320000	RST10-800/500	500	173000
CR1-175	320000	RST10-800/550	550	232000
CR1-200	1125000	RST10-1250/900	900	835000
CR1-250	1125000	RST10-1250/900	900	835000
CR1-300	1100000	RST10-1250/900	900	835000
CR1-340	638000	RST10-800/710	710	476000
CR1-370	638000	RST10-800/710	710	476000
CR1-400	966000	RST10-1250/900	900	835000
CR1-450	966000	RST10-1250/900	900	835000

1.2　软启动器控制线路

1.2.1　软启动器的接线

(1) 软启动器外部接线及端子功能

对于不同的软启动器,其接线也有所不同,但接线都很简单。现举三例。

1) GE 公司生产的 ASTAT 系列软启动器　ASTAT 系列软启动器的基本接线如图 1-9 所示。图中,QS 为带熔断器的隔离开关,也可采用断路器;K_1 为通断接触器;K_2 为制动用接触器;R_1、C_1 和 R_2、C_2 分别为 K_1 和 K_2 的消火花电路;RT 为热敏电阻,安装在电动机定子绕组内,用于电动机的过热保护(也可不用)。

2) QB4 软启动器　QB4 软启动器的基本接线如图 1-10 所示(未画出主电路)。

主电路端子见表 1-14,控制电路端子见表 1-15。

表 1-14　主电路端子

编号	1	3	5	2	4	6	PE
名称	L_1	L_2	L_3	T_1	T_2	T_3	PE
说明	U 相输入	V 相输入	W 相输入	U 相输出	V 相输出	W 相输出	保护接地

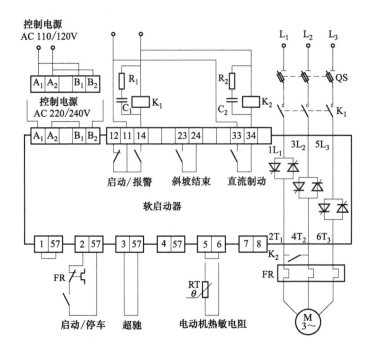

图 1-9 ASTAT 系列软启动器的接线

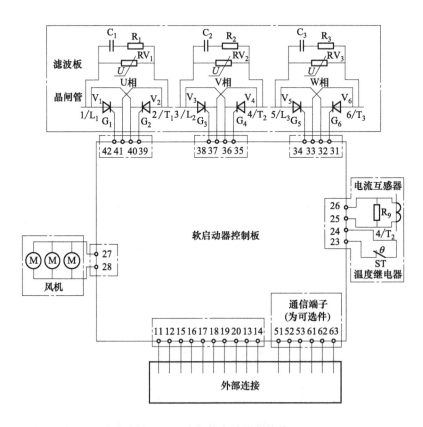

图 1-10 QB4 软启动器的接线

表 1-15　控制电路端子

编号	11	12	15	16	17	18	19	20	13	14	51 61	52 62	53 63
名称	N	L	KR	KR_1	KR_0	KF	KF_1	KF_0	ST_1	ST_2	N+	N−	N_0
说明	零线	相线	公共	常闭	常开	公共	常闭	常开			正	负	屏蔽
	控制电源		运行辅助输出			故障辅助输出			启动控制		数字通信（选配）		
	AC 220V		无源触点			无源触点			无源触点		QB-DLT™		

表中，端子 13、14 用于控制软启动器工作，接通时启动，断开时停止。15、16、17 为运行辅助触点，在启动结束后动作，用于控制旁路接触器，触点容量为 250V/2A。18、19、20 为故障辅助触点，在故障保护时动作，触点容量为 250V/2A。51～53、61～63 为数字通信端子，通过网络通信卡与主控计算机连接。

3）CR1 型软启动器的外部接线及端子功能

① 外部接线如图 1-11 所示。

② 主电路端子功能和控制电路端子功能分别见表 1-16 和表 1-17。

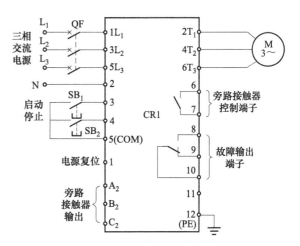

图 1-11　CR1 型软启动器外部接线

表 1-16　CR1 型软启动器主电路端子功能

编号	$1L_1$	$3L_2$	$5L_3$	$2T_1$	$4T_2$	$6T_3$	A_2	B_2	C_2
说明	U 相 输入	V 相 输入	W 相 输入	U 相 输出	V 相 输出	W 相 输出	旁路接触器 U 相输出	旁路接触器 V 相输出	旁路接触器 W 相输出

表 1-17　CR1 型软启动器控制电路端子功能

编号	1	2	3	4	5	6	7	8	9	10	11	12
说明	电源 复位	控制电源 中性线	启动	停止	公共 (COM)	旁路常 开输出	故障常 开输出	故障常 闭输出	故障 公共	空		保护接地 (PE)

4）STR 型软启动器的外部接线及端子功能

① 外部接线如图 1-12 所示。

② 主电路端子功能和控制电路端子功能分别见表 1-18 和表 1-19。

表 1-18　STR 型软启动器主电路端子功能

编号	R	S	T	U	V	W	U_1	V_1	W_1
说明	U 相 输入	V 相 输入	W 相 输入	U 相 输出	V 相 输出	W 相 输出	旁路接触器 U 相输出	旁路接触器 V 相输出	旁路接触器 W 相输出

注：旁路接触器输出为 B 系列专用，A 系列无此端子。

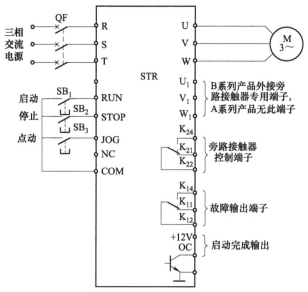

图 1-12　STR 型软启动器外部接线

表 1-19　STR 型软启动器控制电路端子功能

编号	数字输入					数字输出			继电器输出					
	RUN	STOP	JOG	NC	COM	+12V	OC	COM	K_{14}	K_{11}	K_{12}	K_{24}	K_{21}	K_{22}
说明	启动	停止	点动	空	公共	内部电源	启动完成	公共	故障常开输出	故障常闭输出	故障公共	旁路接触器常开控制	旁路接触器常闭控制	旁路接触器公共控制

注：1. 故障输出端子容量：AC，10A/250V；DC，10A/30V；

2. 旁路接触器控制端子容量：AC，10A/250V 或 5A/380V。

(2) 软启动器的几种典型接线

在软启动器使用说明书中，一般都会介绍几种典型的接线方式。

① 标准单元的接线方式　标准单元的接线方式如图 1-13 所示。

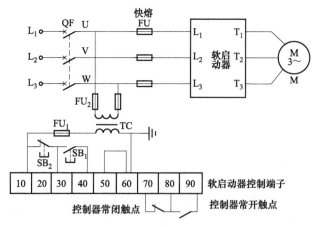

图 1-13　标准单元接线

当采用智能控制时，可把启/停按钮去掉，将线接在控制端子 10 和 40 之间。

② 带隔离接触器的接线方式　带隔离接触器的接线方式如图 1-14 所示。

当采用智能控制时，可把启/停按钮去掉，将线接在控制端子 10 和 40 之间；软启动器内部辅助触点设为正常模式，软启动的同时，其内部辅助触点动作。

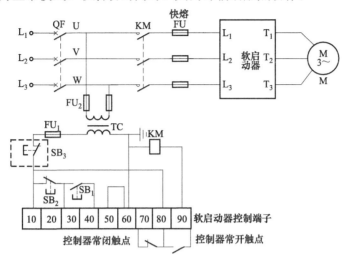

图 1-14　带隔离接触器接线

③ 带旁路接触器的接线方式　带旁路接触器的接线方式如图 1-15 所示。

软启动器内部辅助触点设为达速模式。当软启动器启动过程结束、电动机达到额定转速时，其内部辅助触点动作。

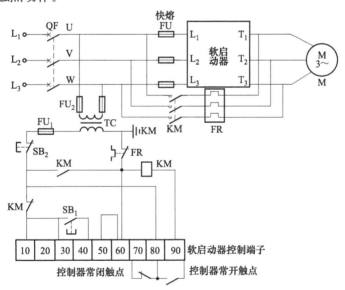

图 1-15　带旁路接触器接线

以上三种典型接线方式的优缺点比较见表 1-20。

表 1-20　三种典型接线方式的优缺点比较

接线方式	优　　点	缺　　点
标准单元接线方式	①配电元件少，造价低 ②接线简单 ③可以使用软启动器的多种内置保护功能	①工作时会产生高次谐波，对电网造成不良影响 ②软启动器保护功能动作时，无法切断软启动器电源 ③软启动器内部故障或控制电路故障时无法停止

续表

接线方式	优　点	缺　点
带隔离接触器接线方式	①接线简单 ②软启动器保护功能动作时,可以通过隔离接触器切断电源 ③可以使用软启动器的多种内置保护功能	①工作时会产生高次谐波,对电网造成不良影响 ②软启动器内部故障或控制电路故障时无法及时切断电源
带旁路接触器接线方式	①接线简单 ②软启动器启动完成后,负载通过旁路接触器供电,减少高次谐波对电网的影响 ③延长软启动器寿命	①控制电路接线较简单 ②旁路运行时无法使用软启动器的多种内置保护功能 ③旁路接触器故障率较高,可靠性较低

1.2.2　CR1 系列软启动器不带旁路接触器的线路

CR1 系列软启动器不带旁路接触器的线路如图 1-16 所示。图中端子功能见表 1-16 和表 1-17。

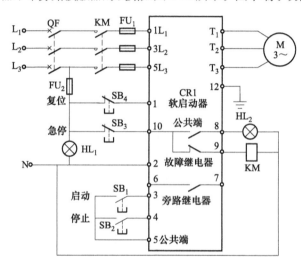

图 1-16　CR1 系列软启动器不带旁路接触器的线路

(1) 工作原理

合上断路器 QF,电源指示灯 HL_1 点亮,接触器 KM 得电吸合。按下启动按钮 SB_1,端子 3、5 接通,电动机按设定参数启动。如启动电压 $U_s = (30\% \sim 80\%)U_e$,启动时间 $t_S = 0.5 \sim 60s$,可调。

停机时,按下软停按钮 SB_2,端子 4、5 接通,电动机按设定参数停机。如斜坡时间 $t_{OFF} = 0.5 \sim 60s$,关断电压 $U_{OFF} \leqslant U_s$,可调。

当出现意外情况、需要电动机紧急停机时,可按下急停按钮 SB_3。当软启动器内部发生故障时,故障继电器动作,接触器 KM 失电释放,切断软启动器输入端电源。同时,故障指示灯 HL_2 点亮。故障排除后,按一下电源复位按钮 SB_4,即可恢复正常操作。

(2) 快速熔断器的选用

在选择软启动器快速熔断器时,应考虑两个因素。

① 快速熔断器的额定电压应大于电源的交流线电压。对于 380V 电源电压,快速熔断器应取 500V 或 750V 的额定电压。

② 快速熔断器的允通能量 I^2t 值，应小于晶闸管元件的允通能量 I^2t 值。

CR1 系列软启动器快速熔断器的选用见表 1-21。

表 1-21 CR1 系列软启动器快速熔断器的选用

软启动器		400V、65kA 快速熔断器（最大值）		
型　号	晶闸管整流器 I^2t	型　号	额定电流/A	快速熔断器 I^2t
CR1-30	18000	RST3-250/80	80	13440
CR1-40	18000	RST3-250/80	80	13440
CR1-50	18000	RST3-250/80	80	13440
CR1-63	125000	RST3-250/200	200	107000
CR1-75	125000	RST3-250/200	200	107000
CR1-85	281000	RST3-250/200	200	107000
CR1-105	320000	RST3-250/250	250	246200
CR1-142	320000	RST10-800/500	500	173000
CR1-175	320000	RST10-800/550	550	232000
CR1-200	1125000	RST10-1250/900	900	835000
CR1-250	1125000	RST10-1250/900	900	835000
CR1-300	1100000	RST10-1250/900	900	835000
CR1-340	638000	RST10-800/710	710	476000
CR1-370	638000	RST10-800/710	710	476000
CR1-400	966000	RST10-1250/900	900	835000
CR1-450	966000	RST10-1250/900	900	835000

1.2.3　CR1 系列软启动器无接触器而有中间继电器的线路

CR1 系列软启动器无接触器而有中间继电器的线路如图 1-17 所示。

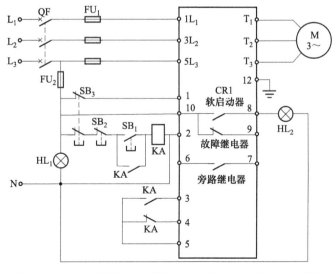

图 1-17　CR1 系列软启动器无接触器而有中间继电器的线路

工作原理：合上断路器 QF，电源指示灯 HL_1 点亮。按下启动按钮 SB_1，继电器 KA 得电吸合并自锁，其常闭触点断开，常开触点闭合，软启动器的端子 3、5 接通，电动机按设定参数开始软启动。

停机时，按下软停按钮 SB_2，继电器 KA 失电释放，其常开触点断开，常闭触点闭合，软启动器的端子 4、5 接通，电动机按设定参数开始软停机。

图 1-17 中，SB_3 为电源复位按钮。当软启动器发生故障而自动停机后，先排除故障，再按一下 SB_3，即可正常操作。

1.2.4　CR1 系列软启动器带进线接触器和中间继电器的线路

CR1 系列软启动器带进线接触器和中间继电器的线路如图 1-18 所示。

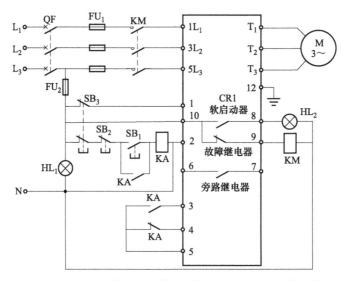

图 1-18　CR1 系列软启动器带进线接触器和中间继电器的线路

工作原理：合上断路器 QF，电源指示灯 HL_1 点亮，进线接触器 KM 吸合。启动时，按下启动按钮 SB_1，中间继电器 KA 得电，其常闭触点断开，常开触点闭合，软启动器的端子 3、5 接通，电动机开始软启动。

停机时，按下软停按钮 SB_2，KA 失电释放，其常开触点断开，常闭触点闭合，软启动器的端子 4、5 接通，电动机开始软停机。按钮 SB_3 的作用与图 1-16 所示电路相同。

1.2.5　CR1 系列软启动器带旁路接触器的线路

CR1 系列软启动器带旁路接触器的线路如图 1-19 所示。

工作原理：合上断路器 QF，电源指示灯 HL_1 点亮，进线接触器 KM_1 吸合。启动时，按下启动按钮 SB_1，中间继电器 KA 得电吸合并自锁，其常闭触点断开，常开触点闭合，软启动器的端子 3、5 接通，电动机开始软启动，转速逐渐上升。启动结束，当电动机转速达到额定值（即电动机电压达到额定电压）时，软启动器内部的旁路继电器触点 S 闭合。旁路

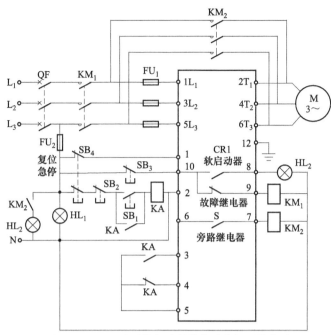

图 1-19　CR1 系列软启动器带旁路接触器的线路

接触器 KM_2 自动吸合，将软启动器内部的主电路（三相晶闸管）短路，从而使晶闸管等不致长期工作而发热损坏。KM_2 主触点闭合，电动机直接接通 380V 电压运行。同时，旁路运行指示灯 HL_2 点亮。

　　停机时，按下软停按钮 SB_2，中间继电器 KA 失电释放，其常开触点断开，常闭触点闭合，软启动器的端子 4、5 接通。同时，软启动器内部触点 S 断开，KM_2 失电释放，断开旁路接触器主触点，电动机通过软启动器软停机。

　　图 1-19 中，按钮 SB_3、SB_4 的作用与图 1-16 所示电路相同。

1.2.6　CR1 系列软启动器正反转运行线路

　　CR1 系列软启动器正反转运行线路如图 1-20 所示。

　　图中，KM_1 为进线接触器，KM_2 为旁路接触器，KM_3 为正转接触器，KM_4 为反转接触器，KA_1 为中间继电器；SB_1 为正转启动按钮，SB_2 为反转启动按钮，SB_3 为软停机按钮，SB_4 为控制电源复位按钮，SB_5 为电动机急停按钮，HL_1 为电源指示灯，HL_2 为旁路运行指示灯，HL_3 为电动机正转指示灯，HL_4 为电动机反转指示灯，HL_5 为故障指示灯。

　　工作原理：合上断路器 QF，电源指示灯 HL_1 点亮，进线接触器 KM_1 得电吸合。

　　正转运行时，按下按钮 SB_1，中间继电器 KA_1 和接触器 KM_3 分别得电吸合并自锁。KA_1 的常闭触点断开，常开触点闭合；KM_3 的常开辅助触点闭合，软启动器的端子 3、5 接通，电动机正转软启动，指示灯 HL_3 点亮。当电动机转速达到额定值时，软启动器内部的旁路继电器触点 S 闭合，接触器 KM_2 得电吸合，指示灯 HL_2 点亮，电动机进入正转全压运行状态。

　　反转运行时，按下按钮 SB_2，KM_3 失电释放，KM_4 得电吸合并自锁，其常开辅助触点

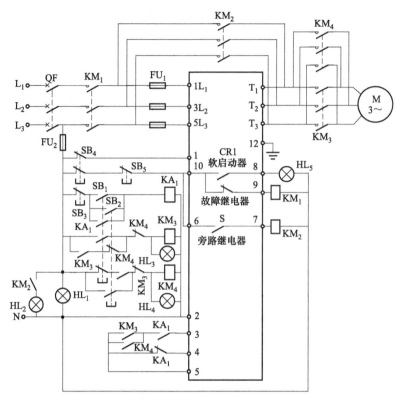

图 1-20 CR1 系列软启动器正反转运行线路

闭合，软启动器的端子 3、5 接通，电动机反转软启动，指示灯 HL₄ 点亮。启动结束，内部触点 S 闭合，接触器 KM₂ 得电吸合，指示灯 HL₂ 点亮，电动机进入反转全压运行。

软停机时，按下按钮 SB₃，继电器 KA₁ 失电释放，其常开触点断开，常闭触点闭合，软启动器的端子 4、5 接通，软启动器内部触点 S 断开，KM₂ 失电释放，断开旁路接触器主触点，电动机通过软启动器软停机。

图 1-20 中，复位按钮 SB₄ 和急停按钮 SB₅ 的作用与图 1-16 所示电路相同。

1.2.7 RSD6 型软启动器控制线路

RSD6 型软启动器控制电动机正转运行的线路如图 1-21 所示。

工作原理：合上隔离开关 QS 和控制回路断路器 QF。按下按钮 SB₂，接触器 K 得电吸合并自锁，接通软启动器电源。按下启动器运行按钮 SB₄，接触器 KM₁ 得电吸合并自锁，其常开辅助触点闭合，软启动器工作，电动机 M 启动运行。当启动器发生故障时，软启动器 RSD6 的端子 6、7 闭合，接触器 KM₂ 得电吸合，其常开触点闭合，接通故障报警电路，发出声光报警信号。

1.2.8 雷诺尔 JJR1000XS 型软启动器控制线路（一、二）

(1) 线路之一

线路之一如图 1-22 所示。

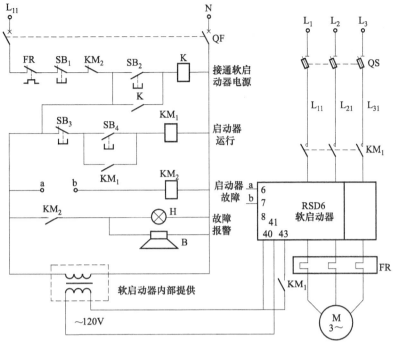

图 1-21　RSD6 型软启动器的控制线路

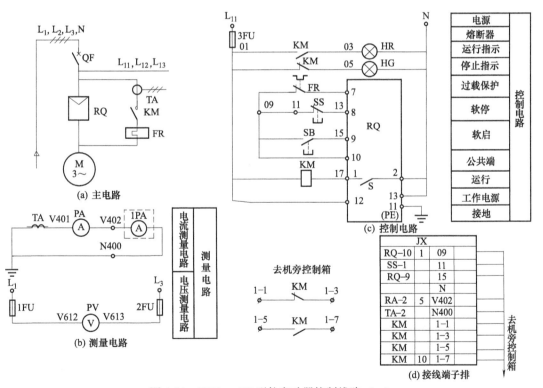

图 1-22　JJR1000XS 型软启动器控制线路（一）

图中，1、2 为旁路继电器端子，3、4 为故障输出端子，7 为瞬停输入端子，8 为软停止输入端子，9 为软启动输入端子，10 为公共接点输入端子（COM），11 为接地端子（PE），12、13 为控制电源输入端子。

工作原理：合上断路器 QF，按下软启动按钮 SB，软启动器的端子 9、10 接通，电动机开始软启动，转速逐渐上升。当电动机转速达到额定值（即电动机电压达到额定电压）时，软启动器内部的旁路继电器触点 S 闭合，旁路接触器 KM 得电吸合，将软启动器内部的主触点（三相晶闸管）短路，从而使晶闸管等不致因长期工作而发热损坏。当旁路继电器触点 S 闭合时，旁路运行指示灯 HR 点亮。停机时，按下软停按钮 SS，软启动器的端子 8、10 断开，软启动器内部旁路继电器触点 S 断开，接触器 KM 失电释放，断开旁路接触器主触点，同时运行指示灯 HR 熄灭、停止指示灯 HG 点亮。电动机经软启动器软停机。

当电动机过载时，热继电器 FR 动作，其常闭触点断开，软启动器的瞬停输入端子 7 与公共端子 10 断开，软启动器内部旁路继电器触点 S 断开，接触器 KM 失电释放，断开旁路接触器主触点。同时，经软启动器内部电路，使三相晶闸管控制电路失去触发信号而关闭，电动机失去电源，自由停机。运行指示灯 HR 熄灭，停止指示灯 HG 点亮。

当软启动器发生故障时，其内部故障常开触点闭合，接通报警电路或断路器 QF 的跳闸回路，发出报警信号或使断路器 QF 跳闸，从而实现保护功能。

该线路配置的电器元件见表 1-22。

表 1-22　电器元件表

序号	符　　号	名　　称	型　　号	技术数据	数据	备　　注
1	QF	断路器	CM1-□/3300	I_e:□A	1	随电动机功率变化
2	RQ	软启动器	JJR1□X	功率:□kW	1	随电动机功率变化
3	KM	交流接触器	CJ20-□	AC 220V	1	随电动机功率变化
4	FR	热继电器	JRS2-□F	热整定:□A	1	随电动机功率变化
5	TA	电流互感器	LMK3-0.66	□/5A	1	随电动机功率变化
6	PA	电流表	6L2-A	□/5A	1	随电动机功率变化
7	1PA	电流表			1	用户自备
8	PV	电压表	6LZ-V	0～450V	1	
9	HR、HG	信号灯	AD11-22/21-7GZ	HR(红)、HG(绿)	2	
10	SB、SS	按钮	LA38-11/209	SB(绿)、SS(红)	2	
11	1FU～3FU	熔断器	JF-2.5RD	熔芯:4A	3	

二次回路采用 BVR-1.5mm² 导线；互感器回路采用 BVR-2.5mm² 导线。

(2) 线路之二

线路之二如图 1-23 所示。

该线路设有手动、自动转换开关。

图中，5、6 为软启动器运行信号输出端子，其余端子的功能与图 1-22 所示电路相同。1KA 为故障信号继电器，2KA 为运行信号继电器。

工作原理：合上断路器 QF。自动控制时，将转换开关 SA 置于"自动"位置，其触点 1、2 闭合。这时，软启动器由 PLC 控制。当 PLC 指令软启动器投入工作时，其常开触点闭合，中间继电器 KA 得电吸合，其常开触点闭合，软启动器端子 9、10 接通，电动机开始软启动，转速逐渐上升。当电动机转速达到额定值（即电动机电压达到额定电压）时，软启动器内部的旁路继电器触点 S₁ 闭合，旁路接触器 KM 得电吸合，电动机脱离软启动器控制而直接接通 380V 电压正常运行。同时，旁路运行指示灯 HR 点亮。

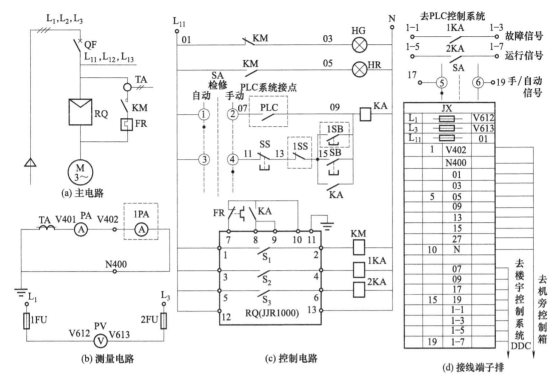

图 1-23 JJR1000XS 型软启动器控制线路（二）

当 PLC 指令软停机时，其常开触点断开，中间继电器 KA 失电释放，其常开触点断开，使软停输入端子 8 与公共接点 10 的连线断开。同时，软启动器内部触点 S_1 断开，接触器 KM 失电释放，电动机经软启动器软停机。这时运行指示灯 HR 熄灭，停止指示灯 HG 点亮。

手动控制时，将 SA 置于"手动"位置，其触点 3、4 闭合。这时，软启动器的投入由启动按钮 SB 控制，电动机的软停机由停止按钮 SS 控制（均通过中间继电器 KA 实现）。

当电动机过载时，热继电器 FR 动作。其动作过程与图 1-22 所示电路相同。

当软启动器发生故障时，其内部故障常开触点 S_2 闭合，中间继电器 1KA 得电吸合，接通报警电路或断路器 QF 的跳闸回路，发出报警信号或使断路器 QF 跳闸，从而实现保护功能。

该线路电器元件见表 1-23。

表 1-23 电器元件表

序号	符号	名 称	型 号	技术数据	数据	备 注
安装在机旁控制箱上的设备						
1	QF	断路器	CM1-□/3300	I_e:□A	1	随电动机功率变化
2	RQ	软启动器	JJR1□X	功率:□kW	1	随电动机功率变化
3	KM	交流接触器	3TF	AC 220V、□A	1	随电动机功率变化
4	KA、1KA、2KA	中间继电器	JZC4-40	AC 220V	3	
5	TA	电流互感器	LMK3-0.66	□/5A	1	随电动机功率变化
6	PA	电流表	6L2-A	□/5A	1	随电动机功率变化
7	PV	电压表	6L2-V	0~450V	1	
8	FR	热继电器	JRS2-□F	热整定:□A	1	随电动机功率变化
9	HR、HG	信号灯	AD11-22/21-7GZ	HR(红)HG(绿)	2	
10	SB、SS	按钮	LA38-11/209	SB(绿)SS(红)	2	
11	1FU~3FU	熔断器	JF-2,5RD	熔芯:4A	3	

序号	符号	名　　称	型　　号	技术数据	数据	备　　注
安装在集中控制台上的设备							
1	1PA	电流表	6L2-A	□/5	1	随电动机功率变化
2	HR、HG	信号灯	AD11-22/21-7GZ	HR(红)HG(绿)	2	
3	1SB、1SS	按钮	LA38-11/209	1SB(绿)1SS(红)	2	

1.2.9　雷诺尔 JJR2000XS 型软启动器控制线路（一、二）

(1) 线路之一

线路之一如图 1-24 所示。

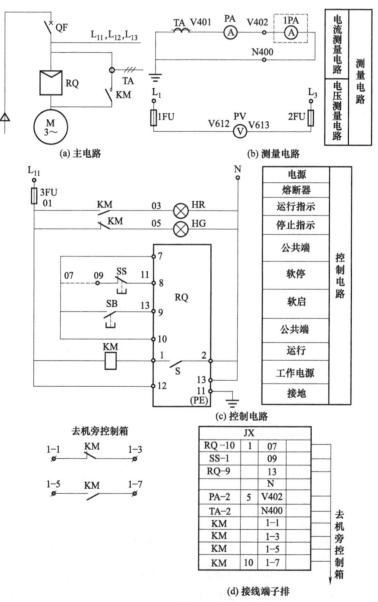

(a) 主电路　　　(b) 测量电路

(c) 控制电路

(d) 接线端子排

图 1-24　JJR2000XS 型软启动器控制线路（一）

　　JJR2000XS型软启动器控制线路除没有外接热继电器外，其他部分同JJR1000XS型软启动器控制线路之一（见图1-22）。

(2) 线路之二

　　线路之二如图1-25所示。该线路采用JJR2000型软启动器。

　　该控制线路除没有外接热继电器保护，其他部分均同JJR1000XS型软启动器控制线路之二（见图1-23）。软启动器端子7与10连接。

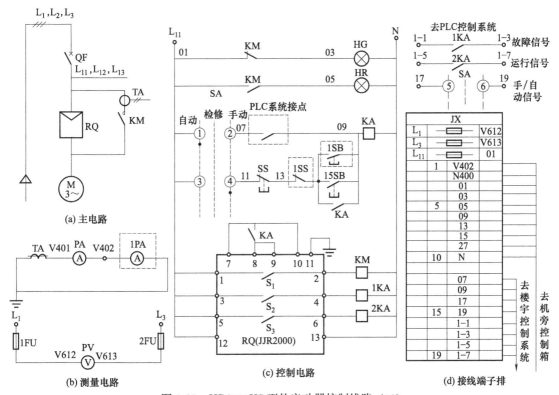

图1-25　JJR2000XS型软启动器控制线路（二）

1.2.10　一台JJR1000X型软启动器拖动两台电动机的控制线路

　　一台JJR1000X型软启动器拖动两台电动机的控制线路如图1-26所示。每台电动机均能单独操作，不分先后次序。两次操作时间间隔大于300s。软启动器功能代码9（控制方式）须设为外控。在这种方式下，软启动器不能软停机，需设热继电器保护。

　　工作原理：合上断路器QF、1QF和2QF。当先投1#电动机、后投2#电动机时，按下1#电动机启动按钮1SB，中间继电器1KA得电吸合并自锁，其常开触点闭合，接触器$1KM_1$得电吸合，其主触点接通1#电动机定子三相。1KA的另一副常开触点闭合，软启动器端子8（9）、10（COM）接通，1#电动机通过软启动器软启动。经过一段时间延时，软启动过程完毕，软启动器内部旁路继电器S吸合，端子1、2接通，中间继电器KA得电吸合，其常开触点闭合，旁路接触器$1KM_2$得电吸合并自锁，其常闭辅助触点断开，1KA失电释放，其常开触点断开，$1KM_1$失电释放，1#电动机经旁路接触器$1KM_2$接通380V电压正常运行。

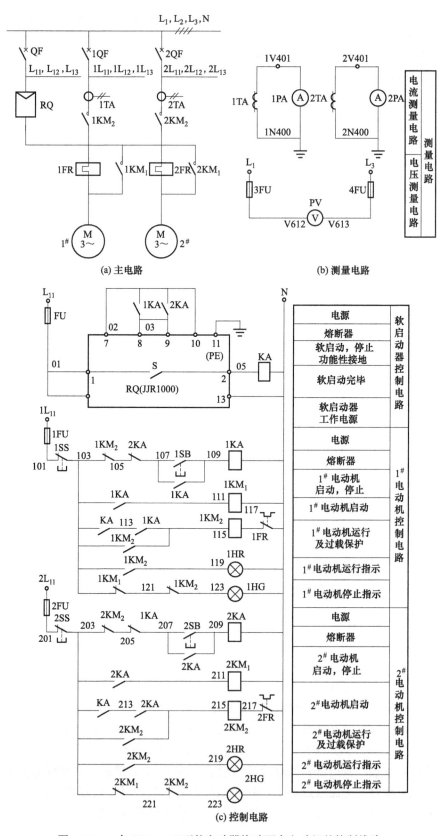

图 1-26　一台 JJR1000X 型软启动器拖动两台电动机的控制线路

停机时，按下停止按钮，1SS 控制电源被切断，接触器 $1KM_2$ 失电释放，同时 1KA 常开触点断开，软启动器端子 8（9）、10（COM）断开，$1^\#$ 电动机停机。

当电动机发生过载故障时，外接热继电器 1FR 动作。$1KM_2$ 失电释放，切断电动机电源，实现过载保护。

同样，若先投 $2^\#$ 电动机，后投 $1^\#$ 电动机，其工作原理相同。

控制回路中的 1KA 与 2KA 互相联锁，确保 $1KM_1$ 与 $2KM_1$、$1KM_2$ 与 $2KM_2$ 不能同时投入，避免短路事故。

该线路电器元件见表 1-24。

表 1-24　电器元件表

序号	符　号	名　称	型　号	技术数据	数据	备　注
1	QF、1QF、2QF	断路器	CM1-□/3300	I_e：□A	3	随电动机功率变化
2	RQ	软启动器	JJR1□X	功率：□kW	1	随电动机功率变化
3	$1KM_1$、$1KM_2$、$2KM_1$、$2KM_2$	交流接触器	CJ20-□	AC 220V	4	随电动机功率变化
4	KA、1KA、2KA	中间继电器	JZC-31d	AC 220V	3	
5	1FR、2FR	热继电器	JRS2-□F	热整定：□A	2	随电动机功率变化
6	1TA、2TA	电流互感器	LMC3-0.66	□/5A	2	随电动机功率变化
7	1PA、2PA	电流表	6L2-A	□/5A	2	随电动机功率变化
8	PV	电压表	6L2-V	0～450V	1	
9	1HR、2HR	信号灯	AD11-22/21-7GZ	AC 220V 红	2	
10	1HG、2HG	信号灯	AD11-22/21-7GZ	AC 220V 绿	2	
11	1SB、2SB	启动按钮	LA38-11/209	绿	2	
12	1SS、2SS	停止按钮	LA38-11/209	红	2	
13	FU、1FU～4FU	熔断器	JPS-2.5RD	熔芯：4A	5	

1.2.11　一台 JJR1000 型软启动器拖动三台电动机的控制线路

一台 JJR1000 型软启动器拖动三台电动机的控制线路如图 1-27 所示。每台电动机功能

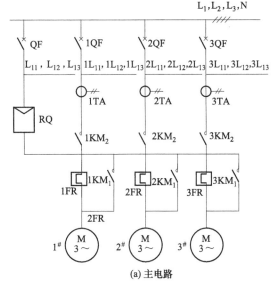

(a) 主电路

图 1-27

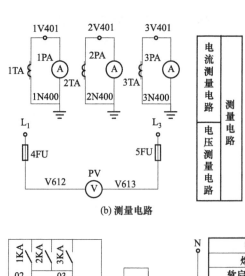

(b) 测量电路

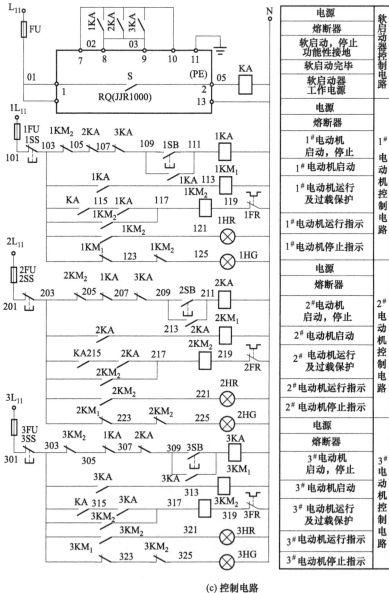

(c) 控制电路

图 1-27　一台 JJR1000 型软启动器拖动三台电动机的控制线路

单独操作，不分先后次序。两次操作时间间隔大于 60s。软启动器功能代码 9（控制方式）须设为外控。该线路不能软停机，并需外接热继电器保护。该线路的工作原理与图 1-26 所示线路类同。

控制回路中的中间继电器 1KA、2KA 和 3KA 互相联锁，确保接触器 1KM$_1$、2KM$_1$、3KM$_1$ 之间以及 1KM$_2$、2KM$_2$、3KM$_2$ 之间不能同时投入，避免短路事故。

该线路的电器元件见表 1-25。

表 1-25 电器元件表

序号	符 号	名 称	型 号	技术数据	数据	备 注
1	断路器	QF、1QF～3QF	CM1-□/3300	I_e:□A	4	随电动机功率变化
2	RQ	软启动器	JJR1□X	功率:□kW	1	随电动机功率变化
3	1～3KM$_{1～2}$	交流接触器	CJ20-□	AC 220V	6	随电动机功率变化
4	KA、1KA～3KA	中间继电器	JZC3-22d	AC 220V 附:F4-22	4	随电动机功率变化
5	1FR～3FR	热继电器	JRS2-□F	整定:□A	3	随电动机功率变化
6	1TA～3TA	电流互感器	LMK3-0.66	□/5A	3	随电动机功率变化
7	1PA～3PA	电流表	6L2-A	□/5A	3	随电动机功率变化
8	PV	电压表	6L2-V	0～450V	1	
9	1HR～3HR 1HG～3HG	信号灯	AD11-22/21-7GZ	1HR～3HR(红) 1HG～3HG(绿)	6	
10	1SB～3SB, 1SS～3SS	按钮	LA38-11/209	1SB～3SB(绿) 1SS～3SS(红)	6	
11	FU、1FU～5FU	熔断器	JFS-2.5RD	熔芯:4A	6	

1.2.12 一台 JJR1000X 型软启动器拖动四台电动机的控制线路

一台 JJR1000X 型软启动器拖动四台电动机的控制线路如图 1-28 所示。每台电动机均能单独操作，不分先后次序。两次操作时间间隔大于 300s。软启动器功能代码 9（控制方式）须设为外控。

控制回路中的中间继电器 1KA、2KA、3KA 和 4KA 互相联锁，确保接触器 1KM$_1$、2KM$_1$、3KM$_1$、4KM$_1$ 之间以及 1KM$_2$、2KM$_2$、3KM$_2$、4KM$_2$ 之间不能同时投入，避免短路事故。

该线路的工作原理与图 1-27 所示线路类同。

1.2.13 FSR1000X 型软启动器控制消防泵（一用一备）线路

FSR1000X 型软启动器控制消防泵（一用一备）线路如图 1-29 所示。当将转换开关 1SA 置于"自动"位置时，两台消防泵互为备用。当一台消防泵在运行中发生故障后，备用泵立即自动投入运行。当将 1SA 置于"手动"位置时，两台泵均可手动单独操作。时间继电器（KT）延时整定值大于单台软启动器启动时间。当将 1SA 置于"检修"位置时，两台消防泵均拒动，供检修用。

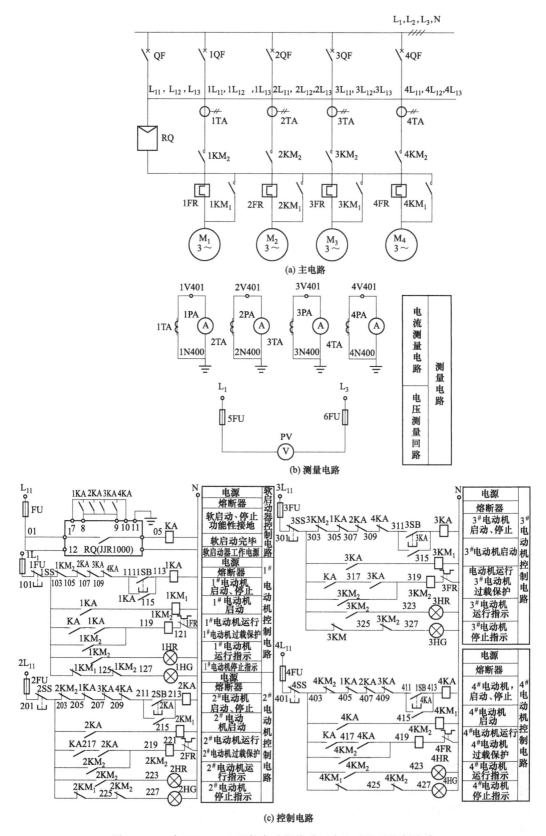

图 1-28 一台 JJR1000X 型软启动器拖动四台电动机的控制线路

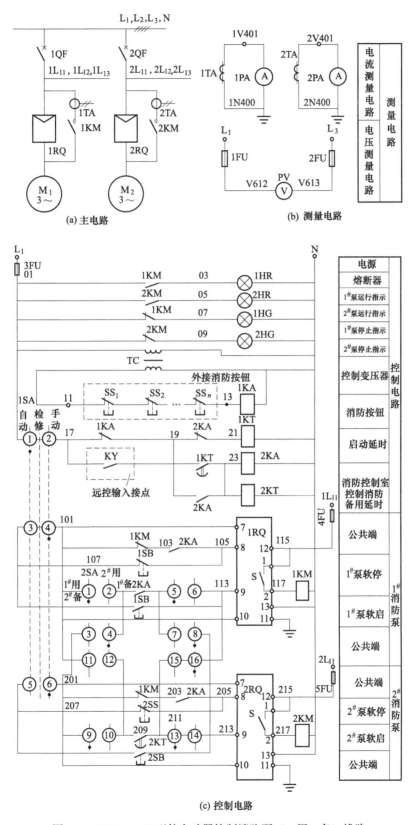

图 1-29　FSR1000X 型软启动器控制消防泵（一用一备）线路

图中，1、2 为旁路继电器端子；7 为瞬停输入端子；8 为软停输入端子；9 为软启动输入端子；10 为公共接点输入端子（COM）；11 为接地端子（PE）；12、13 为控制电源输入端子。

工作原理：合上断路器 1QF、2QF。自动控制时，将转换开关 1SA 置于"自动"位置，触点 1 与 2 接通。假设 1#泵运行、2#泵备用，将转换开关 2SA 置于"1#用 2#备"位置，则触点 1 与 2、5 与 6、9 与 10、13 与 14 接通。按下外接消防按钮 SS₁～SSₙ 或接通远控输入接点 KY，时间继电器 1KT 线圈得电，经一段时间延时，其延时闭合常开触点闭合，中间继电器 2KA 得电吸合，其常开触点闭合，软启动器 1RQ 的 9、10 接通，1#泵经软启动器软启动。启动结束，软启动器内旁路继电器触点 S 闭合，接触器 1KM 得电吸合，1#泵由电网 380V 供电，正常运行。

当中间继电器 2KA 吸合时，其常开触点闭合，时间继电器 2KT 线圈得电，经过一段时间延时，其延时闭合常开触点闭合。由于 1KM 常闭辅助触点断开，因此 2#泵不能启动，处于备用状态。当 1#泵停止运行时，1KM 失电吸放，其常闭辅助触点闭合，于是 2#泵自动投入软启动。经过一段时间延时，软启动器 2RQ 内旁路继电器触点 S 闭合，接触器 2KM 得电吸合，2#泵由电网 380V 供电，正常运行。

停机时，外接消防按钮 SS₁～SSₙ 闭合或远控输入接点断开，控制回路失电。1KT、2KT、2KA 均失电，2KA 常开触点断开，软启动器 2RQ 的端子 8、10 断开，旁路继电器触点 S 断开，接触器 2KM 失电释放，2#泵经软启动器软停机。

同样，1#泵备用，2#泵运行，只要将转换开关 2SA 置于"2#用 1#备"位置即可。其工作原理同上。

手动控制时，将转换开关 1SA 置于"手动"位置，触点 3 与 4 及 5 与 6 接通。假设启动 1#泵，按下 1#泵软启动按钮 1SB，软启动器 1RQ 的端子 9、7 连接，1#泵软启动。经过一段时间延时，软启动完毕。软启动器内旁路继电器吸合，端子 1、2 连接，旁路接触器 1KM 得电吸合，1#泵直接由电网 380V 供电，正常运行。停机时，按下软停按钮 1SS，软启动器 1RQ 的端子 8、7 断开，其内部旁路继电器的常开触点 S 断开。接触器 1KM 失电释放，退出运行，1#泵经软启动器软停机。

启动与停止 2#泵的工作原理同启动与停止 1#泵。

该线路电器元件见表 1-26。

表 1-26 电器元件表

序号	符 号	名 称	型 号	技术数据	数量	备 注
1	1QF、2QF	断路器	CM1-□/3300	I_e:□A	2	随电动机功率变化
2	1RQ、2RQ	软启动器	JJR1□X	功率:□kW	2	随电动机功率变化
3	1KM、2KM	交流接触器	CJ20-□	AC 220V	2	随电动机功率变化
4	1KA	中间继电器	JZC3-31d	AC 36V 附：F4-22	1	
5	2KA	中间继电器	JZC3-40d	AC 220V 附：F4-22	1	
6	1SA	转换开关	LW5-16/2			
7	2SA	转换开关	LW5-16/4			
8	TC	控制变压器	BK-250	220/36V	1	

序号	符 号	名 称	型 号	技术数据	数量	备 注
9	1KT、2KT	时间继电器	JZC4-40＋LA2T4	AC 220V 延时 0～60s	2	
10	1TA、2TA	电流互感器	LMK3-0.66	□/5A	2	随电动机功率变化
11	1PA、2PA	电流表	6L2-A	□/5A	2	随电动机功率变化
12	PV	电压表	6L2-V	0～450V	1	
13	1HR、2HR	信号灯	AD11-22/21-7GZ	220V 红	2	
14	1HG、2HG	信号灯	AD11-22/21-7GZ	220V 绿	2	
15	1SB、2SB	启动按钮	LA38-11/209	绿	2	
16	1SS、2SS	停止按钮	LA38-11/209	红	2	
17	SS₁～SSₙ	消防按钮			n	用户自备
18	1FU～5FU	熔断器	JF-2.5RD	熔芯:4A	5	

1.2.14 FSR1000X型软启动器控制消防泵（两用一备）线路

FSR1000X 型软启动器控制消防泵（两用一备）线路如图 1-30 所示。当转换开关 1SA 置于"自动"位置时，两台投入运行一台备用自投；当 1SA 置于"手动"位置时，分散单台手动操作。当转换开关 2SA 置于"1#备"时，1#泵备用，置于"2#备"时，2#泵备用，置于"3#备"时，3#泵备用。当运行泵发生故障备用泵自投后，须先将转换开关 2SA 切换，再切断该故障泵电源。

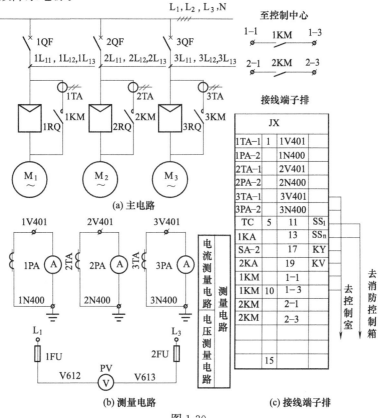

图 1-30

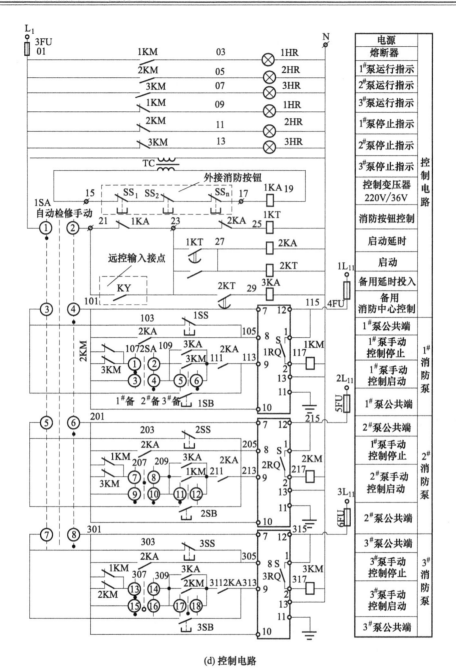

(d) 控制电路

图 1-30　FSR1000X 型软启动器控制消防泵（两用一备）线路

图中，KY 为消防控制室控制接点；SS$_1$～SS$_n$ 为外接消防按钮。时间继电器 2KT 的延时整定值，应大于单台软启动器的启动时间。

电器元件见表 1-27。

表 1-27　电器元件表

序号	符 号	名 称	型 号	技术数据	数量	备 注
1	1QF～3QF	断路器	CM1-□/3300	I_e：□A	3	随电动机功率变化
2	1RQ～3RQ	软启动器	JJR1□X	功率：□kW	3	随电动机功率变化
3	1KM～3KM	交流接触器	CJ20-□	AC 220V	3	随电动机功率变化
4	1KA	中间继电器	JZC-22d	AC 36V	1	

续表

序号	符 号	名 称	型 号	技术数据	数量	备 注
5	2KA、3KA	中间继电器	JZC3-40d	AC 220V 附:辅助触头 F4-04	2	
6	TC	控制变压器	BK-250	AC 220/36V	1	
7	1KT、2KT	时间继电器	JCZ4-31+LA2DT4	AC 220V 延时范围: 1KT0~30s,2KT0~60s	2	
8	1SA	转换开关	LW5-16/2		1	
9	2SA	转换开关	LW5-16/5		1	
10	1TA~3TA	电流互感器	LMK3-0.66	□/5A	3	随电动机功率变化
11	1PA~3PA	电流表	6L2-A	□/5A	3	随电动机功率变化
12	PV	电压表	6L2-V	0~450V	1	
13	1HR~3HR	信号灯	AD11-22/21-7GZ	AC 220V 红	3	
14	1HG~3HG	信号灯	AD11-22/21-7GZ	AC 220V 绿	3	
15	1SB~3SB	启动按钮	LA38-11/209	绿	3	
16	1SS~3SS	停止按钮	LA38-11/209	红	3	
17	SS$_1$~SS$_n$	消防按钮			n	用户自备
18	1FU~6FU	熔断器	JFS-2.5RD	熔芯:4A	6	

1.2.15 JJR1000 型软启动器控制喷淋泵（一用一备）线路

JJR1000 型软启动器控制喷淋泵（一用一备）线路如图 1-31 所示。

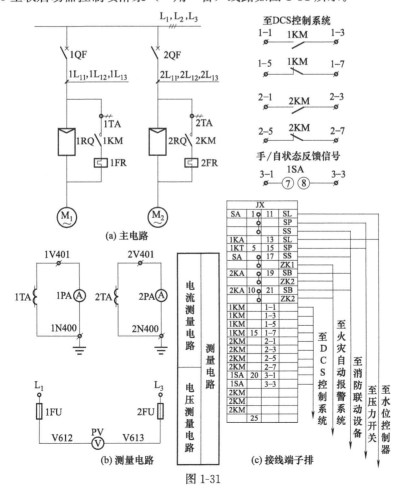

图 1-31

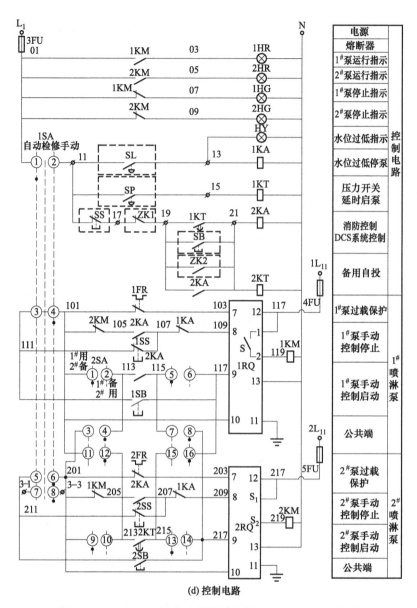

图 1-31　JJR1000 型软启动器控制喷淋泵（一用一备）线路

图中，软启动器端子号含义见图 1-22。

该线路为两台喷淋泵互为备用，可手动和自动控制。线路中设有水泵故障指示电路及储水池水位过低报警电路。当工作泵发生故障时，备用泵能自动投入运行；当火灾发生时，自动喷头喷水，设在水管上的压力开关（SP）动作，时间继电器 1KT 经 3～5s 延时后吸合，水泵即自动启动，或由消防中心控制水泵启动。时间继电器 2KT 的延时整定值应大于单台水泵软启动器的启动时间。

图中，ZK1、ZK2 接点引自火灾自动报警系统界面或控制模块，1KM、2KM 引至 DCS 控制系统。

工作原理：合上断路器 1QF 和 2QF。

自动工作时，将转换开关 1SA 置于"自动"位置，其触点 1-2 闭合。将转换开关 2SA

置于"1#用、2#备"(也可置于"2#用、1#备")位置,其触点 1-2、5-6、9-10、13-14 闭合。当火灾发生时,压力开关 SP 常开触点闭合,时间继电器 1KT 线圈通电。经 3~5s 延时后,其延时闭合常开触点闭合,中间继电器 2KA 得电吸合并自锁。2KA 的常开触点闭合,软启动器的端子 9-10 接通,1#泵经软启动器软启动。启动结束,软启动器内旁路继电器触点 S 闭合,接触器 1KM 得电吸合,1#泵由电网 380V 供电,正常运行。同时,1#泵运行指示灯 1HR 点亮。

在时间继电器 1KT 延时闭合常开触点闭合的同时,另一时间继电器 2KT 线圈通电。经一段时间延时(延时时间大于水泵启动时间),其延时闭合常开触点闭合,为 2#泵投入运行做好准备。由于接触器 1KM 常闭辅助触点断开,软启动器 2RQ 的端子 8 与 10 之间的回路断开,所以此时 2RQ 不会工作。2#泵停止指示灯 2HG 点亮。

当电动机过载或发生短路故障时,热继电器 1FR 动作,其常闭触点断开,软启动器 1RQ 的瞬停输入端子 7 与公共端子 10 的回路断开,软启动器内旁路继电器触点 S 断开,接触器 1KM 失电释放,其主触点断开。同时,经软启动器内部电路,使晶闸管关闭,1#泵因失去电源而停机。1#泵停止指示灯 1HG 点亮。

由于接触器 1KM 常闭辅助触点闭合,软启动器 2RQ 的端子 8、9 均与 10 接通。2RQ 投入运行,2#泵开始软启动。启动结束,2RQ 内的触点 S 闭合,接触器 2KM 得电吸合,2#泵由电网 380V 供电,正常运行。同时,2#泵运行指示灯 2HR 点亮。

软启动器 1RQ 和 2RQ 通过接触器 1KM 和 2KM 的常闭辅助触点实现联锁。

当水位过低时,液位控制接点 SL 闭合,中间继电器 1KA 得电吸合。其常闭触点断开,使软启动器 1RQ 及 2RQ 的端子 8 与 10 之间的回路断开,使电动机停机。

手动工作时,将转换开关 1SA 置于"手动"位置,触点 3-4、5-6、7-8 闭合。如 2SA 在"1#用2#备"位置,按下 1#泵启动按钮 1SB,软启动器 1RQ 的端子 9-10 接通(经 1SA 的触点 3-4),1#泵通过软启动器启动。启动结束,1RQ 内部触点 S 闭合。接触器 1KM 得电吸合,1#泵直接接通 380V 电网正常运行。同时,1#泵运行指示灯 1HR 点亮。

停机时,按下停止按钮 1SS,软启动器 1RQ 的触点 8 与 10 的回路断开,1RQ 内部触点 S 断开,接触器 1KM 失电释放,1#泵经软启动器软停机。同时,1#泵运行指示灯 1HR 熄灭,停止指示灯 1HG 点亮。

当电动机过载时,热继电器 1FR(或 2FR)动作,其保护的工作原理同上例(图 1-30)。

该线路电器元件见表 1-28。

表 1-28 电器元件表

序号	符 号	名 称	型 号	技术数据	数量	备 注
1	1QF、2QF	断路器	CM1-□/33002	I_e:□A	2	随电动机功率变化
2	1RQ、2RQ	软启动器	JJR1□	功率:□kW	2	随电动机功率变化
3	1KM、2KM	交流接触器	LC1	AC 220V□A	2	随电动机功率变化
4	1FR、2FR	热继电器	LR2	整定:□A	2	随电动机功率变化
5	1KA、2KA	中间继电器	JZC4-40	AC 220V附:FR-22	2	
6	1KT、2KT	时间继电器	JS23-11	AC 220V	2	
7	1SA、2SA	转换开关	LW12-16D		2	
8	1TA、2TA	电流互感器	LMK3-0.66	□/5A	2	随电动机功率变化
9	1PA、2PA	电流表	6L2-A	□/5A	2	随电动机功率变化

续表

序号	符　号	名　　称	型　　号	技术数据	数量	备　　注
10	PV	电压表	6L2-V	0～450V	1	
11	1HR、2HR 1HG、2HG HY	信号灯	AD11-22/21-7GZ	1HR、2HR(绿) 1HG、2HG(红) HY(黄)	5	
12	1SB、2SB 1SS、2SS	按钮	LA38-11/209	1SB、2SB(绿) 1SS、2SS(红)	4	
13	1FU～5FU	熔断器	JF-2.5RD	熔芯：4A	5	
14	SP	压力控制接点			1	
15	SL	液位控制接点			1	由给排水专业定

1.2.16　JJR1000 型软启动器控制生活用泵（一用一备）线路

JJR1000 型软启动器控制生活用泵（一用一备）线路如图 1-32 所示。

图中，软启动器端子号含义见图 1-22。

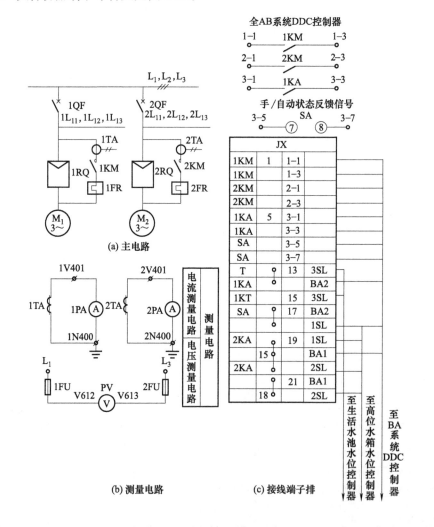

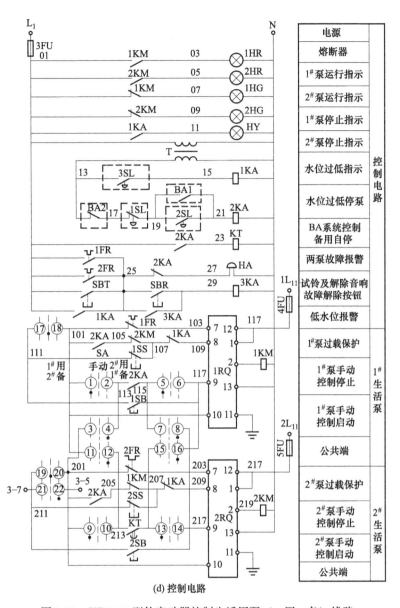

图 1-32　JJR1000 型软启动器控制生活用泵（一用一备）线路

　　在该线路中两台生活用水泵互为备用。当工作泵故障时，备用泵自动投入运行。线路有手动和自动两种控制方式。水泵的启动和停止受屋顶水箱水位及地下储水池水位控制。当地下储水池内水位过低（达消防预留水位）时，自动停泵。线路中设有水位过低及储水池水位过低指示与报警电路。

　　工作原理：合上断路器 1QF 和 2QF。当采用自动控制时，将转换开关 SA 置于"1# 用2# 备"（也可置于"2# 用 1# 备"）位置，触点 1-2、5-6、9-10、13-14 闭合。当水管内压力正常时，设在水管上的压力开关（2SL）动作。中间继电器 2KA 得电吸合，其常开触点闭合，软启动器 1RQ 的端子 8、9 与 10 接通，水泵即经软启动器自动启动。启动结束，1RQ内的触点 S 闭合，接触器 1KM 得电吸合，主触点闭合，1# 泵由电网 380V 供电，正常运行。同时，1# 泵运行指示灯 1HR 点亮。

在中间继电器 2KA 吸合后，其常开触点闭合，时间继电器 KT 线圈通电，经过一段时间延时（该时间大于单台水泵软启动时间），其延时闭合常开触点闭合（在此之前，1KM 的常闭辅助触点已断开），为 2# 泵的自动投入运行做好准备。

当 1# 泵发生故障时，热继电器 1FR 动作。其常闭触点断开，使软启动器 1RQ 的端子 7 与 10 的回路断开，1RQ 内部的触点 S 断开，1KM 失电释放，1# 泵自由停机。同时，1# 泵停止运行指示灯 1HG 点亮。热继电器 1FR 的常开触点闭合，电铃 HA 发出报警信号。

由于接触器 1KM 失电释放，其常闭辅助触点闭合，软启动器 2RQ 的触点 8、9 与 10 连接，2# 泵经软启动器软启动。启动结束，2RQ 内部的触点 S 闭合，接触器 2KM 得电吸合，2# 泵由电网 380V 供电，正常运行。同时，2# 泵运行指示灯 2HR 点亮。

当水位过低时，液位控制接点 3SL 闭合，中间继电器 1KA 得电吸合，其常闭触点断开，使软启动器 1RQ 及 2RQ 的端子 8 与 10 之间的回路断开，软启动器内部触点 S 断开，接触器 1KM 或 2KM 失电释放，水泵停机。同时，1KA 常开触点闭合，水位过低指示灯 HY 点亮；1# 泵和 2# 泵停止指示灯 1HG 和 2HG 点亮。另外，1KA 的另一副常开触点闭合，接通报警系统。

手动控制时，将转换开关 SA 置于中间位置，即可通过启动按钮 1SB（或 2SB）和停止按钮 1SS（或 2SS）进行开机、停机。由于两台软启动器通过接触器 1KM 和 2KM 的常闭辅助触点进行联锁，所以只能开一台泵，不能同时开两台泵。

该线路电器元件见表 1-29。

表 1-29　电器元件表

序号	符　号	名　称	型　号	技术数据	数量	备　注
1	1QF、2QF	断路器	CM1-□/33002	I_e:□A	2	随电动机功率变化
2	1RQ、2RQ	软启动器	JJR1□	功率:□kW	2	随电动机功率变化
3	1KM、2KM	交流接触器	LC1	AC 220V□A	2	随电动机功率变化
4	1FR、2FR	热继电器	LR2	整定:□A	2	随电动机功率变化
5	1KA～3KA	中间继电器	JZC4-40	AC 220V（其中 24V 两个）	3	
6	KT	时间继电器	JS23-11	AC 220V	1	
7	1TA、2TA	电流互感器	LMK3-0.66	□/5A	2	随电动机功率变化
8	1PA、2PA	电流表	6L2-A	□/5A	2	随电动机功率变化
9	PV	电压表	6L2-V	0～450V	1	
10	T	控制变压器	BK-250	220/240V	1	
11	SA	转换开关	LM12-16D		1	
12	1HR、2HR 1HG、2HG HY	信号灯	AD11-22/21-7GZ	1HR、2HR(红) 1HG、2HG(绿) HY(黄)	5	
13	1SB、2SB 1SS、2SS	按钮	LA38-11/209	1SB、2SB(绿) 1SS、2SS(红)	4	
14	SBT	试验按钮	LA38-11/209		1	

序号	符 号	名 称	型 号	技术数据	数量	备 注
15	SBR	解除按钮	LA38-11/209		1	
16	1FU～5FU	熔断器	JF-2.5RD	熔芯:4A	5	
17	HAB	电铃	φ55	AC 220V	1	
18	1SL～3SL	液位控制接点			3	由给排水专业定

1.2.17 JJR1000X 型软启动器控制加压泵（一用一备）线路

JJR1000X 型软启动器控制加压泵（一用一备）线路如图 1-33 所示。

图中，各端子功能见图 1-22。

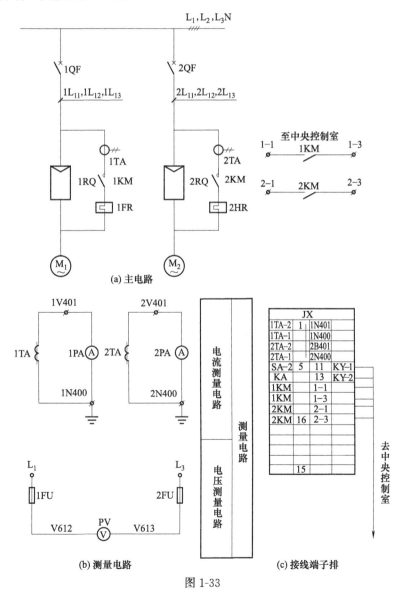

图 1-33

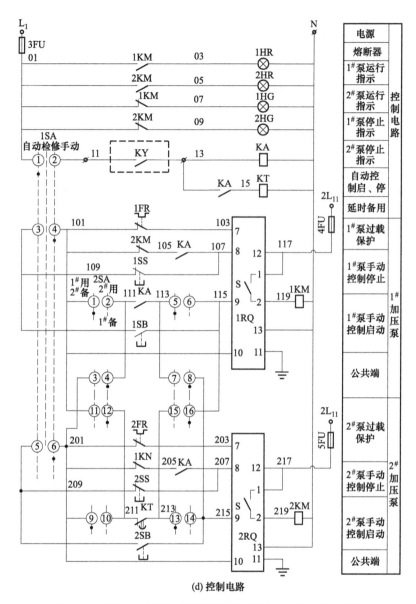

(d) 控制电路

图 1-33　JJR1000X 型软启动器控制加压泵（一用一备）线路

　　该线路为两台加压泵互为备用，即一台运行一台备用。当运行泵发生故障时，备用泵立即自动投入运行，线路有手动和自动两种控制方式。时间继电器（KT）延时整定值应大于单台软启动器启动时间。图中 KY 为远控接点。

　　该线路的工作原理与图 1-32 所示线路类同。

1.2.18　JJR1000X 型软启动器控制加压泵（两用一备）线路

　　JJR1000X 型软启动器控制加压泵（两用一备）线路如图 1-34 所示。

　　图中，软启动器各端子功能见图 1-22。

　　当转换开关 1SA 置于"自动"位置时，两台泵启动运行，一台备用自投；当 1SA 置于

"手动"位置时，由单台泵按钮手动控制启动和停机。转换开关 2SA 置于"1#泵备用"时，1#泵备用；置于"2#泵备用"时，2#泵备用；置于"3#泵备用"时，3#泵备用。当备用泵自投后，须先将转换开关 2SA 切换，再切断故障泵电源方可检修。时间继电器 KT 延时整定值应大于两台加压泵软启动时间。图中，KY 为远控接点。

该线路的工作原理类同"JJR1000X 型软启动器控制加压泵（一用一备）线路"，不同之处是，在各软启动器控制回路中增加了接触器 1KM～3KM 的一些联锁触点，以保证工作顺序。

1.2.19 JJR1000X 型软启动器控制加压泵（三用一备）线路

JJR1000X 型软启动器控制加压泵（三用一备）线路如图 1-35 所示。

图中，软启动器端子功能见图 1-22。

当转换开关 1SA 置于"自动"位置时，线路使三台泵通过软启动，一台泵备用自投；当 1SA 置于"手动"位置时，由单台泵的按钮手动控制对应泵的起动机停机。当转换开关 2SA 置于"1#泵备用"时，1#泵备用；置于"2#泵备用"时，2#泵备用；置于"3#泵备用"时，3#泵备用；置于"4#泵备用"时，4#泵备用。当某台泵发生故障时，备用泵自动

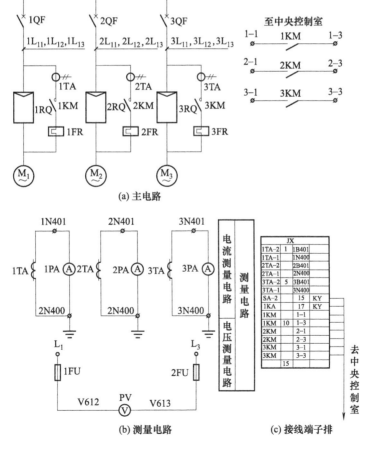

图 1-34

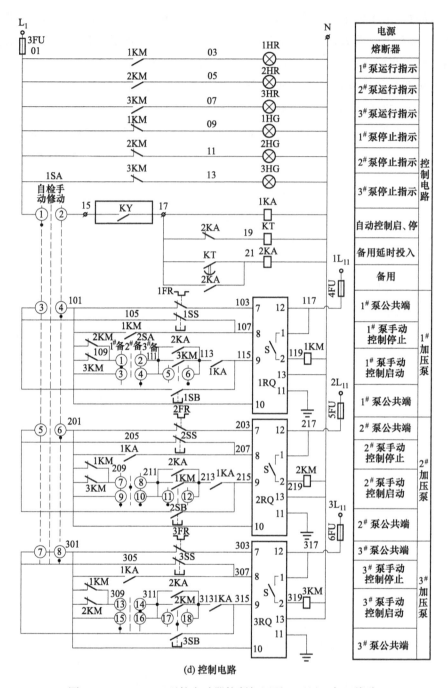

图 1-34 JJR1000X 型软启动器控制加压泵（两用一备）线路

投入运行。备用泵投入运行后，须先将转换开关 2SA 切换，再切断该故障泵电源方可检修。时间继电器 KT 延时整定值应大于 3 台运行的加压泵软启动的时间。图中，KY 为远控接点。

该线路的工作原理类同"JJR1000X 型软启动器控制加压泵（一用一备）线路"，不同之处是，在各软启动器控制回路中增加了接触器 1KM～4KM 的一些联锁触点，以保证各泵的工作顺序。

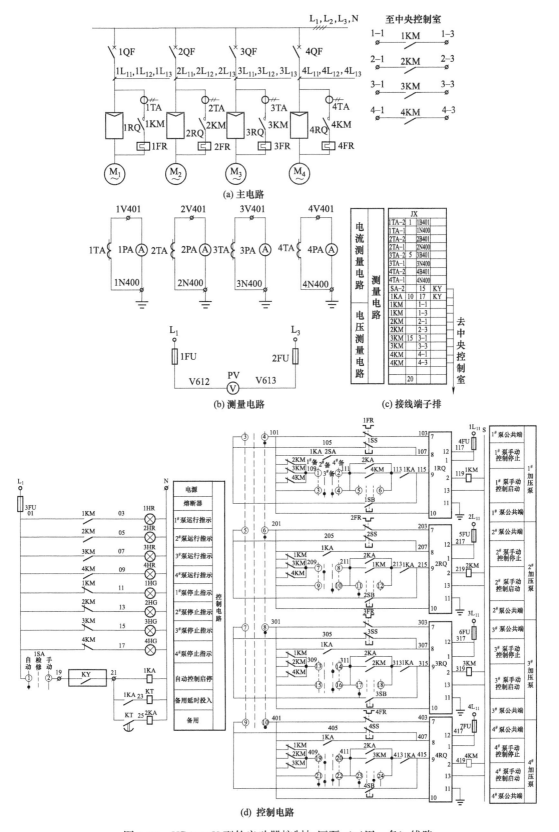

(a) 主电路

(b) 测量电路

(c) 接线端子排

(d) 控制电路

图 1-35　JJR1000X 型软启动器控制加压泵（三用一备）线路

1.2.20　西普 STR 系列软启动器带旁路接触器控制线路

西普 STR 系列软启动器带旁路接触器控制线路如图 1-36 所示。图中端子功能见表 1-18 和表 1-19。

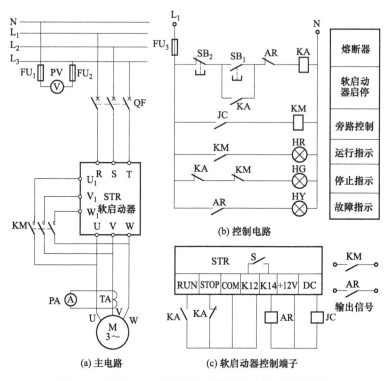

图 1-36　西普 STR 系列软启动器带旁路接触器的线路

工作原理：合上断路器 QF，按下启动按钮 SB_1，中间继电器 KA 得电吸合并自锁，其常闭触点断开，常开触点闭合，端子 RUN 和 COM 接通，电动机开始软启动。启动结束，软启动器内部的旁路继电器触点 S 闭合，接通继电器 JC 的 12V 电源。JC 吸合，其常开触点闭合，旁路接触器 KM 得电吸合。接触器 KM 的主触点闭合，电动机直接接通 380V 电网正常运行。同时，运行指示灯 HR 点亮。

停机时，按下软停按钮 SB_2，中间继电器 KA 失电释放，其常开触点断开，常闭触点闭合，端子 STOP 与 COM 接通。同时，软启动器内部触点 S 断开，继电器 JC 失电释放，其常开触点断开，旁路接触器 KM 失电释放，其主触点断开，电动机通过软启动器软停机。同时，停止指示灯 HG 点亮。

当软启动器发生故障或电动机过载（软启动器内设有过载保护元件）时，软启动器内部触点 S 闭合，经故障输出端子 K14 使继电器 AR 得到 12V 电源而吸合。继电器 AR 的常闭触点断开，中间继电器 KA 失电释放，KM 失电释放，电动机通过软启动器软停机。线路也可以通过 AR 的输出信号触点，先使断路器 QF 跳闸，再使电动机停机。同时，故障指示灯 HY 点亮。

1.2.21 一台STR系列软启动器拖动两台电动机的控制线路（一、二）

（1）线路之一

线路之一如图1-37所示。此线路采取将两台电动机一先一后启动的方式。而且要求在一台电动机启动完成后，软启动器先处于待命状态，再启动另一台电动机。软启动器的这段延时时间由其内部设定并经继电器AR实现。该线路不能软停机，需外接热继电器保护。

图中，STR系列软启动器的各端子功能见表1-18和表1-19。

工作原理：合上断路器QF_1、QF_2和QF_3。若需先投电动机M_1、后投电动机M_2，则按下电动机M_1的启动按钮SB_1，接触器KM_1得电吸合并自锁，其主触点接通电动机M_1的定子绕组。同时，KM_1常开辅助触点闭合，软启动器端子RUN和COM连接，电动机M_1开始软启动。KM_1常开辅助触点闭合，为接触器KM_2吸合做好准备。软启动结束，软启动器内部触点S闭合，继电器JC得电吸合，其常开触点闭合，KM_2得电吸合并自锁。同时，电动机M_1运行指示灯1HR点亮。KM_2常开辅助触点闭合，时间继电器KT_1线圈通电吸合。经过一段延时，KT_1的延时释放常闭触点断开。KM_1失电释放，其主触点断开，切除了软启动器，电动机M_1直接接通380V电网正常运行。同时，电动机M_1运行指示灯HR_1点亮。

这时软启动器已处于待命状态，要启动电动机M_2，只要按下电动机M_2的启动按钮SB_2即可。其工作原理同电动机M_1。

停机时，按下停止按钮SS_1，接触器KM_2失电释放，电动机停机。同时，电动机停止指示灯HG_1点亮。

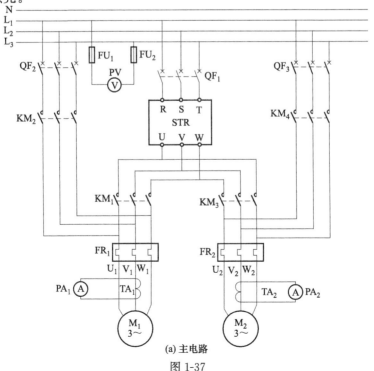

(a) 主电路

图1-37

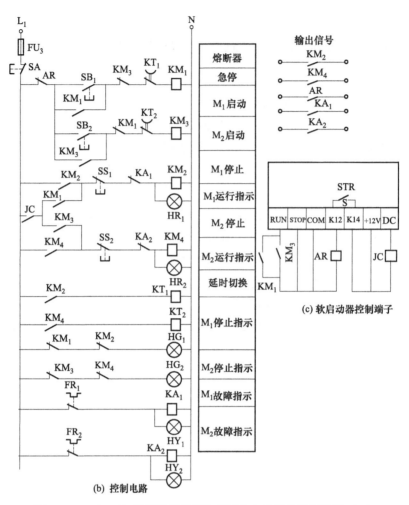

图 1-37　一台 STR 系列软启动器拖动两台电动机的控制线路（一）

电动机 M_1 和电动机 M_2 的启动线路通过接触器 KM_1、KM_3 互相联锁，保证电动机一先一后地投入。

当软启动器发生故障时，其内部故障输出端子触点闭合，接通端子 K12，使继电器 AR 得到 12V 电源而吸合，其常闭触点断开。接触器 KM_1、KM_3 均失电释放，它们的常开辅助触点断开，端子 RUN 和 COM 断开，电动机停止软启动。同时，相应电动机的停止指示灯 HG_1 或 HG_2 点亮。

当电动机发生过载等故障时，热继电器 FR_1 或 FR_2 动作，其常开触点闭合。中间继电器 KA_1 或 KA_2 得电吸合，接触器 KM_2 或 KM_4 失电释放，其主触点断开，电动机停止运行。同时，相应电动机的故障指示灯 HY_1 或 HY_2 点亮。

(2) 线路之二

线路之二如图 1-38 所示。此线路也采取两台电动机一先一后的启动方式。且在一台电动机启动完成后，软启动器先处于待命状态，再启动另一台电动机。

图中，JOG 为点动端子，START 为启动端子，STOP 为停止端子，COM 为公共端子。

工作原理：如先启动电动机 M_1，则合上断路器 QF，按下按钮 SB_1，接触器 KM_1 得电

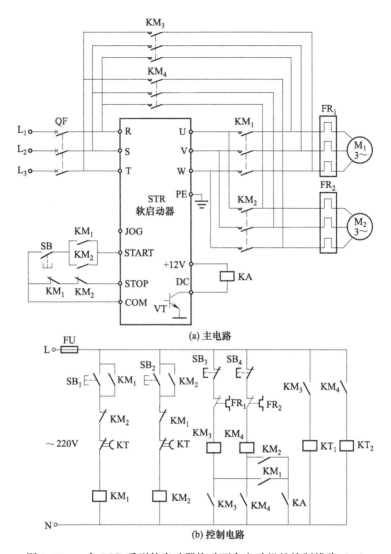

图 1-38　一台 STR 系列软启动器拖动两台电动机的控制线路（二）

吸合并自锁，其常开辅助触点闭合。按下操作盘上的启动按钮 SB，端子 START、COM 接通，电动机 M_1 开始软启动。当转速达到额定值时，软启动器内部的三极管 VT 导通，继电器 KA 得电吸合，其常开触点闭合，旁路接触器 KM_3 得电吸合并自锁。这时，延时切换用时间继电器 KT_1 的线圈通电，经延时后，其延时闭合常闭触点断开，KM_1 失电释放，电动机 M_1 经 KM_3 由 380V 电网电压供电。在 KM_1 失电的同时其常闭辅助触点闭合，软启动器退出运行。同样，若先启动电动机 M_2，其工作原理相同。

停机时，分别按下停止按钮 SB_3 和 SB_4，则接触器 KM_3 和 KM_4 失电释放，电动机 M_1 和 M_2 停止运行。

1.2.22　一台 STR 系列软启动器拖动三台电动机的控制线路

一台 STR 系列软启动器拖动三台电动机的控制线路如图 1-39 所示。在该线路中，每台电动机在具体操作时，必须先启动一台电动机。在另一台电动机启动前，均能单独操作，不分先后次序。软启动器处于待命状态。此时，方可允许启动下一台电动机。该线路不能软停机。

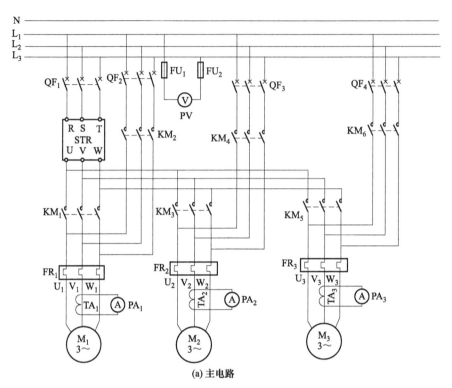

(a) 主电路

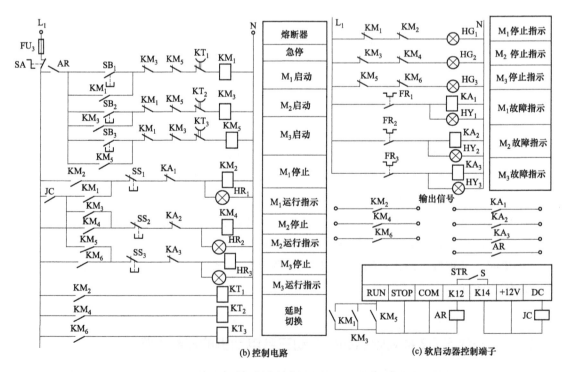

(b) 控制电路　　(c) 软启动器控制端子

图 1-39　一台 STR 系列软启动器拖动三台电动机的控制线路

图中，STR 系列软启动器的各端子功能见表 1-18 和表 1-19。

其工作原理与图 1-38 所示电路类同。不同之处是，控制电动机由两台变为三台。电动机 M_1、M_2、M_3 分别通过接触器 KM_1、KM_3、KM_5 实现互相联锁，保证电动机逐台投入。两台电动机投入的间隔时间由软启动器内部继电器 AR 设定。

1.2.23　西普 STR 系列软启动器控制电动机（一用一备）的线路

线路如图 1-40 所示。两台电动机互为备用。

图中，STR 系列软启动器的各端子功能见表 1-18 和表 1-19。

工作原理：合上断路器 QF_1、QF_2。若选择 1# 电动机运行、2# 电动机备用，则按下启动按钮 SB_1，中间继电器 KA_1 得电吸合并自锁，其常闭触点断开、常开触点闭合，软启动器 1STR 的端子 RUN 和 COM 接通，1# 电动机开始软启动。启动结束，软启动器内部的旁路继电器触点 S 闭合，接通继电器 JC_1 的 12V 电源。JC_1 吸合，其常开触点闭合，旁路接触器 KM_1 得电吸合，其主触点闭合，1# 电动机接通 380V 电网正常运行。同时，运行指示灯 HR_1 点亮。

停机时，按下软停按钮 SS_1。中间继电器 KA_1 失电释放，端子 STOP 与 COM 接通。同时，软启动器内部触点 S 断开，继电器 JC 失电释放。KM_1 失电释放，主触点断开，1# 电动机通过软启动器软停机。同时，停止指示灯 HG_1 点亮。

当 1# 电动机的软启动器发生故障或电动机过载时（软启动器内设有电子过载保护元件）

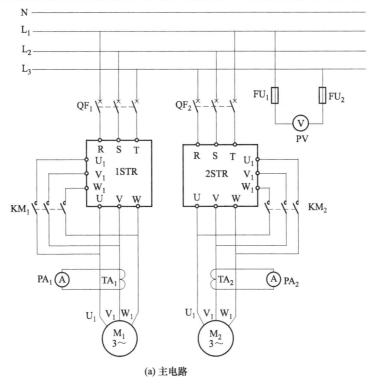

(a) 主电路

图 1-40

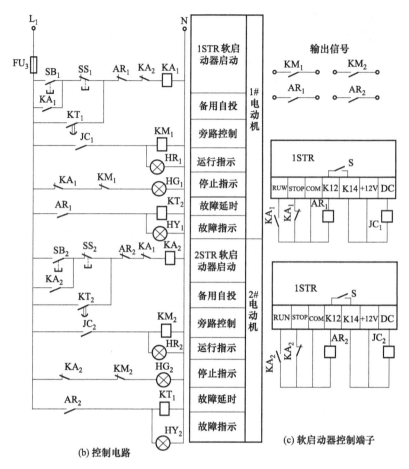

图 1-40 西普 STR 系列软启动器控制电动机（一用一备）线路

时，软启动器内部触点 S 闭合，经故障输出端子 K14 使继电器 AR_1 得到 12V 电源而吸合，其常闭触点断开，电间继电器 KA_1 失电释放，其常开触点断开、常闭触点闭合，1STR 的端子 STOP 与 COM 连接。同时，1STR 内部电器触点 S 断开，JC_1 失电释放，接触器 KM_1 失电释放，电动机通过软启动器软停机。也可以通过 AR_1 的输出信号触点，使断路器 QF_1 跳闸。同时，故障指示灯 HY_1 和停止指示灯 HG_1 点亮。

当 1# 电动机系统发生故障时，继电器 AR_1 得电吸合，其常开触点闭合，使时间继电器 KT_2 线圈通电。经过一段延时，时间继电器 KT_2 的延时闭合常开触点闭合，中间继电器 KA_2 得电吸合，从而启动 2STR 软启动器工作，使 2# 备用电动机软启动运行。其启动运行的动作过程与 1# 电动机类同。

1# 电动机和 2# 电动机通过继电器 KA_1、KA_2 及 AR_1、AR_2 实现互相联锁，以保证只有一台电动机投入运行。

1.2.24 STR 系列软启动器控制消防泵（一用一备）线路

STR 系列软启动器控制消防泵（一用一备）线路如图 1-41 所示。当转换开关 1SA 置于"自动"位置时，两台消防泵一台运行一台备用（由转换开关 2SA 确定）。当运行泵发生故障时，备用泵立即自动投入运行。当 1SA 置于"手动"位置时，两台泵均可手动单独投入运行。

　　图中，软启动器的各端子功能见表 1-18 和表 1-19。

　　该线路工作原理与图 1-40 所示线路类同。不同之处是，备用泵自动投入的方式。对于

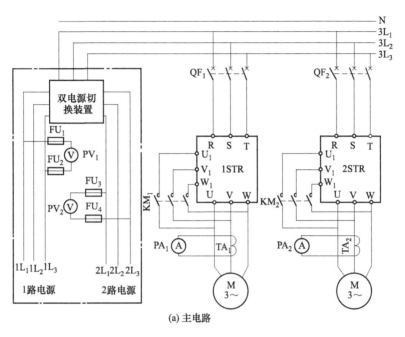

(a) 主电路

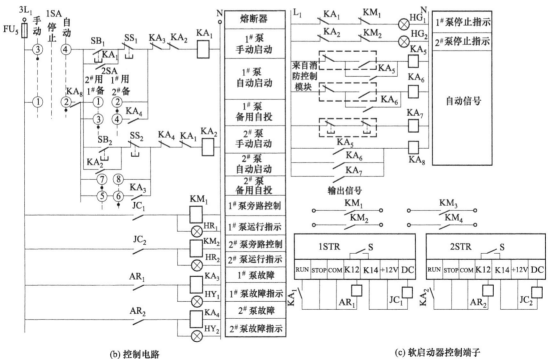

(b) 控制电路　　　　　　　　　　　　　　　　　(c) 软启动器控制端子

图 1-41　STR 系列软启动器控制消防泵（一用一备）线路

图 1-40 所示电路，备用泵投入运行通过时间继电器（KT_1、KT_2）的延时触点实现；而对于图 1-41 所示电路，则是直接通过中间继电器（KA_3、KA_4）触点实现。另外，为了可靠起见，该线路中采用双电源切换装置。消防泵启停认可由消防控制室及控制模块（通过继电器 KA_8）来实现。

1.2.25　STR 系列软启动器控制生活用泵（一用一备）线路

STR 系列软启动器控制生活用泵（一用一备）线路如图 1-42 所示。图中各端子功能见表 1-18 和表 1-19。

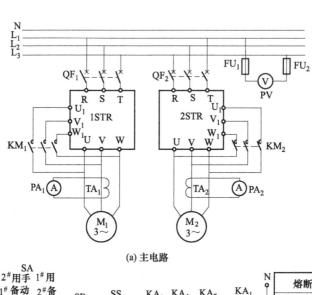

(a) 主电路

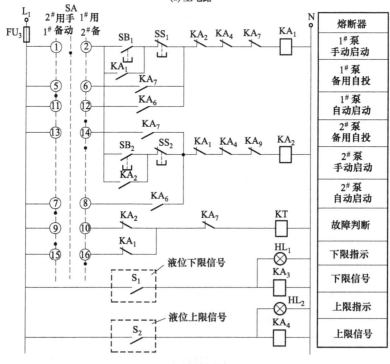

(b) 控制电路

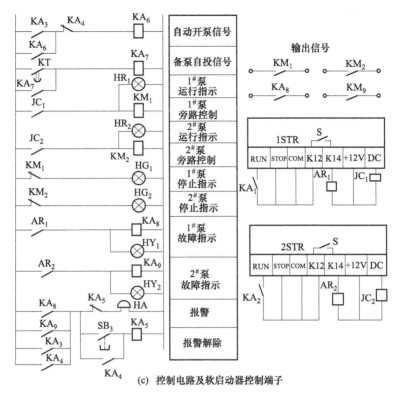

图 1-42 STR 系列软启动器控制生活用泵（一用一备）线路

该线路为两台软启动器控制两台水泵，一台运行另一台备用。当运行水泵发生故障后，备用泵即自动投入运行。该线路有可手动和自动两种控制方式。当采用手动控制时，可以分别操控两台水泵的启动与停止。

工作原理：采用自动控制方式并假设 1# 泵运行，2# 泵备用。合上断路器 QF_1、QF_2，将转换开关 SA 置于"1# 用 2# 备"位置，触点 11-12、13-14、15-16 闭合。如果此时液位处于下限位置，液位触点 S_1 闭合。下限指示灯 HL_1 点亮，中间继电器 KA_3 得电吸合，其常开触点闭合，中间继电器 KA_6 得电吸合并自锁，其常开触点闭合，中间继电器 KA_1 得电吸合，其常开触点闭合，1STR 软启动器的端子 RUN 与 COM 接通，1# 泵软启动。启动结束，软启动器内部的旁路继电器触点 S 闭合，接通继电器 JC_1 的 12V 电源。JC_1 吸合，其常开触点闭合，旁路接触器 KM_1 得电吸合，其主触点闭合。1# 泵接通 380V 电网正常运行。同时，1# 泵运行指示灯 HR_1 点亮。

当液位上升到上限位置时，液位触点 S_2 闭合，上限指示灯 HL_2 点亮，中间继电器 KA_4 得电吸合，其常闭触点断开，中间继电器 KA_1 失电释放，其常开触点断开，软启动器 1STR 端子 RUN 与 COM 断开，同时软启动器内部触点 S 断开，JC_1 失电释放，其常开触点断开，旁路接触器 KM_1 失电释放，主触点断开，1# 泵自由停机。同时，KA_4 常用闭触点断开，中间继电器 KA_6 失电释放，断开 KA_1 的自锁回路。随后，液位下降，使液位触点 S_2 断开，KA_4 常闭触点闭合。但由于液位尚未达到下限位置（这时 S_1 断开），KA_3 处于释放状态，其常开触点断开，所以 KA_6 不会得电吸合。也就是说，在液位处于上限位置和下限位置之间时，水泵不会运行。只有当液位到达下限位置时，S_1 闭合，水泵才会启动运行。

当软启动器 1STR 发生故障时，或电动机过载（软启动器内部设有电子过载保护元件）时，软启动器内部触点闭合，经故障输出端子 K14 使继电器 AR$_1$ 得到 12V 电源。AR$_1$ 得电吸合，其常开触点闭合，中间继电器 KA$_8$ 得电吸合，KA$_8$ 常开触点闭合，使 1$^\#$ 泵故障指示灯 HG$_1$ 点亮。同时，KA$_8$ 的常闭触点断开，KA$_1$ 失电释放。随之旁路接触器 KM$_1$ 失电释放，1$^\#$ 泵自由停机。也可通过输出信号触点 KA$_8$ 作用于断路器 QF$_1$ 跳闸。在中间继电器 KA$_1$ 失电释放的同时，由于其常闭触点闭合，时间继电器 KT 线圈通电。经过一段延时，其延时闭合常开触点闭合，中间继电器 KA$_7$ 得电吸合并自锁，其常开触点闭合。中间继电器 KA$_2$ 得电吸合，其常开触点闭合。软启动器 2STR 的端子 RUN 和 COM 接通，2$^\#$ 泵自动投入软启动。随后的动作过程与 1$^\#$ 泵类似。

手动控制时，将转换开关 SA 置于"手动"位置，触点 1-2 闭合。两台水泵可由各自的启动按钮 SB$_1$、SB$_2$ 和停止按钮 SS$_1$、SS$_2$ 控制。两台水泵通过中间继电器 KA$_1$ 和 KA$_2$ 触点实现互相联锁，以防止两台水泵同时投入运行。

当软启动器 1STR 与 1$^\#$ 泵或软启动器 2STR 与 2$^\#$ 泵发生故障时，分别通过 KA$_8$、KA$_9$，或通过液位上限位置开关 S$_1$、下限位置开关，再经 KA$_3$、KA$_4$，触发电铃 HA 发出报警信号。欲解除报警，按一下按钮 SB$_3$ 即可。

1.3 SHD 系列电子模块降压（软）启动线路

1.3.1 SHD 系列电子模块产品简介

(1) 模块种类

SHD 系列常用电控设备电子模块是我国南京微宏电子电器研究所在吸收国外电子模块技术的基础上，开发研制出来的电子模块系列产品。模块种类有以下几种：

① 液位模块　它通过电极液位传感器将液位变成开关量，经水泵控制盒启、停水泵，用于液位控制。

② 触点定位模块　它通过干簧管、电触点温度表或电触点压力表等触点的通断变成记忆功能的开关量经水泵控制盒启、停水泵。用于液位控制、热水循环泵、变频调速恒压供水系统。

③ 启动模块　它是降压启动中起重要作用的功能器件。它由延时、电流控制门以及安全保护等电路组成，用于星-三角和自耦降压启动电路中。

④ 延时模块　它是为提高可靠性、安全性以及功能性要求而设置的延时器件，主要用于自动喷洒泵和软启动电路。

⑤ 短接模块　它是为消防泵控制电路中短接热继电器触点而设置的，以便合理使用消防泵。

⑥ 加、减脉冲模块　它主要用于变频调速恒压供水系统中增加或减少工频泵的数量。

⑦ 双电源转换模块　它是双电源转换电源箱中的控制模块，主要用于中性线不分断的低压配电系统中。

该系列产品具有智能化程度高、自动报警、抗腐蚀、体积小、重量轻、噪声极小、安全可靠、低维护等优点，前景广阔，应大力宣传推广。

(2) 模块产品

产品中有 SHD1 系列给水泵（全压、降压）用模块，SHD2 系列给水泵（软启动）用模块，SHD3 系列给水泵（变频）用模块，SHD4 系列消火栓用消防泵用模块，SHD5 系列自动喷洒用消防泵用模块，SHD6 系列补压泵用模块，SHD7 系列排水泵用模块，SHD8 系列热水循环泵用模块，SHD9 系列中央空调用风机与泵用模块，SHD10 系列风机用模块和 SHD11 系列双电源转换模块等，详见表 1-30。

表 1-30 SHD 系列电控设备电子模块产品

系 列	型 号	控 制 线 路
SHD1 给水泵 （全压、降压）	SHD101	单台给水泵水位自控全压启动
	SHD102	单台给水泵水位自控自耦降压闭式启动
	SHD103	单台给水泵水位自控星-三角开式启动
	SHD104	单台给水泵水位自控星-三角闭式启动
	SHD105	两台给水泵一用一备自动转换全压启动,备用泵电流控制自投(管网)
	SHD106	两台给水泵一用一备自动转换全压启动,备用泵电流控制自投(水池)
	SHD107	两台给水泵一用一备自动轮换自耦降压闭式启动,备用泵电流控制自投(管网)
	SHD108	两台给水泵一用一备自动轮换自耦降压闭式启动,备用泵电流控制自投(水池)
	SHD109	两台给水泵一用一备自动轮换星-三角开式启动,备用泵电流控制自投(管网)
	SHD110	两台给水泵一用一备自动轮换星-三角开式启动,备用泵电流控制自投(水池)
	SHD111	两台给水泵一用一备自动轮换星-三角闭式启动,备用泵电流控制自投(管网)
	SHD112	两台给水泵一用一备自动轮换星-三角闭式启动,备用泵电流控制自投(水池)
	SHD113	两台给水泵一用一备自动轮换全压启动,备用泵水压控制自投(管网)
	SHD114	两台给水泵一用一备自动轮换全压启动,备用泵水压控制自投(水池)
	SHD115	两台给水泵一用一备自动轮换自耦降压闭式启动,备用泵水压控制自投(水池)
	SHD116	两台给水泵一用一备自动轮换星-三角开式启动,备用泵水压控制自投(水池)
	SHD117	两台给水泵一用一备自动轮换星-三角闭式启动,备用泵水压控制自投(水池)
	SHD118	两台给水泵一用一备自动轮换运行全压启动供多台水箱,备用泵电流控制自投(浮球阀)
	SHD119	两台给水泵一用一备自动轮换运行全压启动供多台水箱,备用泵电流控制自投(电磁阀)
	SHD120	两台泵一主一辅匹配式给水全压启动,备用泵电流控制自投
	SHD121	五台泵四主一辅匹配式给水全压启动,备用泵电流控制自投
SHD2 给水泵 （软启动）	SHD201	单台给水泵水位自控软启动(一)
	SHD202	单台给水泵水位自控软启动(二)
	SHD203	两台给水泵一用一备自动轮换软启动
	SHD204	三台给水泵二用一备自动轮换软启动
	SHD205	四台给水泵三用一备自动轮换软启动
	SHD206	两台软启动器备自投,两台给水泵一用一备自动轮换软启动
	SHD207	两台软启动器互自投,各供一台给水泵软启动
	SHD208	两台软启动器备自投,四台给水泵三用一备自动轮换软启动
	SHD209	两台软启动器互自投,各供两台给水泵软启动
	SHD210	两台给水泵一用一备自动轮换软启动成组
	SHD211	四台给水泵三用一备自动轮换软启动成组

系　列	型　号	控　制　线　路
SHD3 给水泵 （变频）	SHD301	单台给水泵变频调速恒压供水
	SHD302	两台给水泵变频调速恒压供水
	SHD303	三台给水泵变频调速恒压供水
	SHD304	四台给水泵变频调速恒压供水
	SHD305	两台变频器备自投，四台给水泵变频调速恒压供水
	SHD306	两台变频器互自投，四台给水泵变频调速恒压供水
SHD4 消火栓用 消防泵	SHD401	单台消火栓用消防泵全压启动
	SHD402	单台消火栓用消防泵自耦降压闭式启动
	SHD403	两台消火栓用消防泵一用一备全压启动，备用泵电流控制自投
	SHD404	两台消火栓用消防泵一用一备自耦降压闭式启动，备用泵电流控制自投
	SHD405	两台消火栓用消防泵一用一备全压启动，备用泵水压控制自投
	SHD406	两台消火栓用消防泵一用一备自耦降压闭式启动，备用泵水压控制自投
	SHD407	三台消火栓用消防泵二用一备全压启动，备用泵电流控制自投
	SHD408	三台消火栓用消防泵二用一备自耦降压闭式启动，备用泵电流控制自投
	SHD409	三台消火栓消防泵二用一备全压启动，备用泵水压控制自投
	SHD410	三台消火栓用消防泵二用一备自耦降压闭式启动，备用泵水压控制自投
	SHD411	压力平缓式三台消火栓消防泵二用一备全压启动，备用泵电流控制自投
	SHD412	特别重要负荷两台消火栓用消防泵一用一备全压启动，备用泵电流控制自投
	SHD413	特别重要负荷两台消火栓用消防泵一用一备自耦降压闭式启动，备用泵电流控制自投
	SHD414	特别重要负荷两台消火栓用消防泵一用一备全压启动，备用泵水压控制自投
	SHD415	特别重要负荷两台消火栓用消防泵一用一备自耦降压闭式启动，备用泵水压自投
	SHD416	特别重要负荷三台消火栓用消防泵二用一备全压启动，备用泵电流控制自投
	SHD417	特别重要负荷三台消火栓用消防泵二用一备自耦降压闭式启动，备用泵电流控制自投
	SHD418	特别重要负荷三台消火栓用消防泵二用一备全压启动，备用泵水压控制自投
	SHD419	特别重要负荷三台消火栓用消防泵二用一备自耦降压闭式启动，备用泵水压控制自投
	SHD420	建筑群共用两台消火栓用消防泵一用一备全压启动，备用泵电流控制自投
SHD5 消防泵 自动喷洒	SHD501	单台自动喷洒用消防泵全压启动
	SHD502	两台自动喷洒用消防泵一用一备全压启动，备用泵电流控制自投
	SHD503	两台自动喷洒用消防泵一用一备自耦降压闭式启动，备用泵电流控制自投
SHD6 补压泵	SHD601	两台补压泵一用一备全压启动，备用泵电流控制自投
	SHD602	两台补压泵一用一备自动轮换全压启动，备用泵电流控制自投
SHD7 排水泵	SHD701	单台排水泵水位自控全压启动
	SHD702	单台排水泵水位自控超高水位报警全压启动
	SHD703	两台排水泵一用一备自动轮换全压启动，备用泵电流控制自投
	SHD704	两台排水泵按不同水位投入相应台数自动轮换全压启动，备用泵电流控制自投
	SHD705	三台排水泵按不同水位投入相应台数自动轮换全压启动，备用泵电流控制自投
	SHD706	四台排水泵按不同水位投入相应台数自动轮换全压启动，备用泵电流控制自投
SHD8 热水循环泵	SHD801	单台热水循环泵温度自控全压启动
	SHD802	两台热水循环泵一用一备自动轮换温度自控全压启动，备用泵电流控制自投
SHD9 中央空 调用风 机与泵	SHD901	单台冷却塔风机全压启动
	SHD902	两台冷却水泵一用一备全压启动
	SHD903	两台冷却水泵一用一备自耦降压闭式启动
	SHD904	三台冷却水泵二用一备全压启动
	SHD905	三台冷却水泵二用一备自耦降压闭式启动
	SHD906	两台媒水泵一用一备全压启动
	SHD907	两台媒水泵一用一备自耦降压闭式启动
	SHD908	三台媒水泵二用一备全压启动
	SHD909	三台媒水泵二用一备自耦降压闭式启动
	SHD910	两台冷水机组自耦降压闭式启动

续表

系　列	型　号	控　制　线　路
SHD10 风机	SHD1001	单台排烟风机全压启动
	SHD1002	单台排烟风机自耦降压闭式启动
	SHD1003	单台单绕组中点抽头恒功率双速风机全压启动
	SHD1004	单台双独立绕组恒转矩双速风机全压启动
	SHD1005	两台排烟风机一用一备全压启动,备用风机电流控制自投
	SHD1006	单台正压风机全压启动
	SHD1007	单台正压风机自耦降压闭式启动
	SHD1008	两台正压风机一用一备全压启动,备用风机电流控制自投
	SHD1009	两台正压风机一用一备自耦降压闭式启动,备用风机电流控制自投
	SHD1010	小高层正压风机控制系统
	SHD1011	单台排风机、新风机全压启动
	SHD1012	单台排风机、新风机自耦降压闭式启动
	SHD1013	两台排风机、新风机一用一备全压启动,备用风机电流控制自投
	SHD1014	两台排风机、新风机一用一备自耦降压闭式启动,备用风机电流控制自投
	SHD1015	单台换风机间断运行,全压启动
SHD11 双电源 转换	SHD1101	三相四线 TN-C 母线连通式模块控制
	SHD1102	三相四线 TN-C 母线连通式控制盒控制
	SHD1103	三相四线 TN-S 母线连通式控制盒控制
	SHD1104	三相四线 TN-S 母线两段式控制盒控制(供两台设备)
	SHD1105	三相四线 TN-S 母线两段式控制盒控制(供三台设备)

1.3.2　SHD 系列电子模块的特点

(1) 与电磁式继电器比较

电子模块系列产品与传统的电磁式继电器相比，有着显著的优点。两者性能比较见表 1-31。

表 1-31　电子模块与电磁式继电器性能比较

技术性能、环境条件	电磁式继电器	控 制 模 块
空气、尘埃	触点氧化、接触不良、机械转动不灵	抗氧化、无触点、无机械转动
冲击、振动、倾斜	不能承受强烈振动,倾斜度有要求	能耐受强烈震动,可任意位置安装
防潮、防水、抗腐蚀	防潮性能差、不能防水、抗腐蚀性差	喷涂防腐、防水剂,可防潮、防水、防腐
体积、重量	大、重	小、轻
功耗	大(W)、发热多	小(mA)、发热少
噪声	高	极低
控制柜中接线长度	L	$(1/3 \sim 1/2)L$
控制柜制作工时	T	$(1/3 \sim 1/2)T$
维修速度	慢	极快
使用电压及安全	高(220～380V)、危险	安全电压(12V)、安全
功能	单一	多功能
智能化	低	高
维护	经常	2～3 年可免维护

技术性能、环境条件	电磁式继电器	控 制 模 块
抗干扰	高	需加抗干扰措施
造价	较低	较继电器平均高 10%~20%，随技术发展价格下降
可靠性、实用性（综上所述）	差	好

（2）光声显示报警功能

电子模块系列产品具有过负荷保护和光声显示报警功能。光声显示报警功能有以下几类：

① 启动指示灯　表示启动指令下达，控制盒启动触点接通接触器，将电源送到电动机，启动指示灯亮，但不表示电动机运行。

② 运行指示灯　电动机运转后，电动机电流通过运行传感器或经压力继电器触点，将电压信号送至控制盒，电动机反馈的电压信号与启动指令构成闭环控制，运行指示灯亮。

③ 故障指示灯　启动指令下达，经延时，运行传感器或压力继电器触点未能将电压信号送到控制盒，故障指示灯闪光。

④ 故障声报警　为引起工作人员的注意，控制盒设有声报警单元和相应的试验、消声按钮。

该系列产品具有良好的抗干扰性能，可靠性很高。例如：①启、停控制线（宜双绞线）可长达 2000m，控制触点长期氧化接触电阻增大至 10kΩ，均能可靠动作；②液位模块系交流电极型（AC 12V、6mA），不会产生水电介极化作用，确保电极长期导电性。

1.3.3　SHD101 型电子模块控制单台给水泵水位及全压启动线路

SHD101 型电子模块控制单台给水泵水位及全压启动线路如图 1-43 所示。

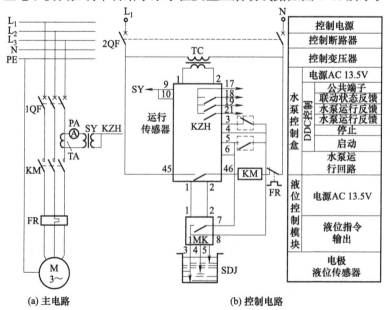

图 1-43　SHD101 型电子模块控制单台给水泵水位及全压启动线路

① 自动控制水位，由液位传感器将液位信号经液位控制模块输出，送至水泵控制盒实现。手动控制液位，由人工操作控制盒面板上的按钮完成。

② 水泵控制盒面板上设有电源、启动、运行、故障显示装置。当水泵电动机发生故障时，控制装置会发出声、光报警。

③ 设有联动、运行、故障等反馈信号的收集、处理、转换功能，可满足 DDC（direct digital control，直接数字控制）系统的要求。

④ 若既需要控制水位又要实时显示水位并能超低、超高水位报警，可采用图 1-44 所示电路。即用 HKD-1SG 代替 1MK，并将 HKD-1SG 的输出控制触点 47、48 接至 KZH 的 4、5 端子。

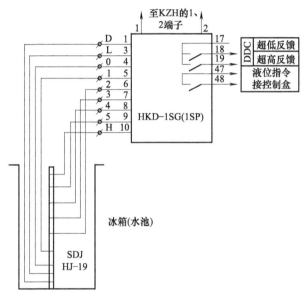

图 1-44　图 1-43 的改进线路

该线路主要电器装置见表 1-32。

表 1-32　主要电器装置

序号	项目代号	名　　称	型号及规格	数量	单位	备注
1	SDJ	电极液位传感器	HJ-19	1	套	
2	TC	控制变压器	AC 220/13.5V,10VA	1	个	
3	MK	液位模块	HKC-1SG	1	个	
4	KZH	水泵控制盒	HDK-21B	1	个	
5	SY	运行传感器	HYC-1	1	个	
6	PA	交流电流表	6L2-A	1	个	
7	TA	电流互感器		1	个	
8	FR	热继电器		1	个	
9	KM	交流接触器		1	个	
10	2QF	控制断路器		1	个	
11	1QF	主断路器		1	个	

1.3.4 SHD102型电子模块控制单台给水泵水位及自耦降压闭式启动线路

SHD102型电子模块控制单台给水泵水位及自耦降压闭式启动线路如图 1-45 所示。

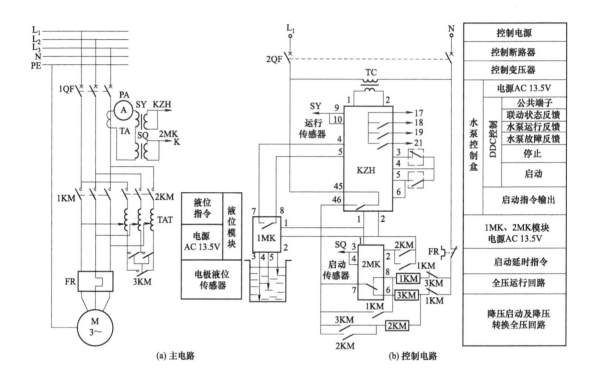

图 1-45 SHD102 型电子模块控制单台给水泵水位及自耦降压闭式启动线路

① 当采用自动控制方式时，由液位传感器将液位信号经液位控制模块输出，送至水泵控制盒，再由控制盒启动触点将控制电源送至降压启动模块，完成自耦降压启动运行。当采用手动控制方式时，由人工操作控制盒面板上的按钮完成。

② 从降压启动转换至全压运行是通过电流控制的。即当启动电流降压 1.5 倍电动机额定电流时，便开始转换。降压启动模块用可调延时（30~60s）强行将降压启动转换至全压运行。防止自耦变压器启动时间过长而烧毁。

③ 水泵控制盒可以对联动、运行、故障等反馈信号进行收集处理及远程控制，可满足DDC直接数字控制系统的要求。控制盒面板上设有电源、启动、运行、故障等显示装置，当电动机发生故障时，有声、光报警。

④ 自耦降压闭式启动无二次冲击电流。

⑤ 若既需要控制水位又要实时显示水箱水位，并能超低、超高水位报警，可采用图1-44所示电路。用 HKD-1SG 代替 1MK，并将 HKD-1SG 的输出控制触点 47、48 接至 KZH 的 4、5 端子。

该线路主要电器设备见表 1-33。

表 1-33　主要电器设备表

序号	项目代号	名　称	型号及规格	数量	单位
1	TC	控制变压器	AC220/13.5V，10VA	1	个
2	SDJ	电极液传感器	HJ-13	1	套
3	KZH	水泵控制盒	HKD-21B	1	个
4	1MK	液位模块	HKC-1SG	1	个
5	2MK	启动模块	HQC-21	1	个
6	SY	运行传感器	HYC-1	1	个
7	SQ	启动传感器	HQC-1	1	个
8	TAT	自耦降压变压器	QZB	1	个
9	PA	交流电流表	6L2-A	1	个
10	TA	电流互感器		2	个
11	FR	热继电器		1	个
12	3KM	交流接触器		1	个
13	2KM	交流接触器		1	个
14	1KM	交流接触器		1	个
15	2QF	控制断路器		1	个
16	1QF	主继路器		1	个

1.3.5　SHD103 型电子模块控制单台给水泵水位及星-三角降压启动线路

SHD103 型电子模块控制单台给水泵水位及星-三角降压启动线路如图 1-46 所示。

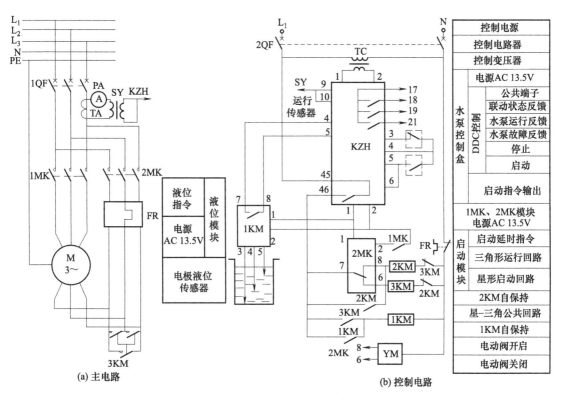

图 1-46　SHD103 型电子模块控制单台给水泵水位及星-三角降压启动线路

① 当采用自动控制时由液位传感器将液位信号经液位模块输出至水泵控制盒，再由控制盒启动触点将控制电源送至延时模块，完成星-三角启动运行过程。当采用手动控制时，由人工操作控制盒面板上的按钮完成。出水管安装电动阀，可获得较好的启动特性，确保一次启动成功，并避免热继电器误动。

② 电子模块可以对联动、运行、故障等反馈信号进行收集、处理，可满足 DDC（直接数字控制）系统的要求。

③ 水泵控制盒面板上设有电源、启动、运行、故障等显示装置，当水泵电动机发生故障时，发出声、光报警。

④ 星-三角降压启动会产生二次冲击电流，电流可达 $13 \sim 14 I_{mn}$。

⑤ 若既需要控制水位又要实时显示水箱水位，并能超低、超高水位报警，可采用图 1-44 电路。即用 HKD-1SG 代替 1MK，并将 HKD-1SG 的输出控制点 47、48 接至 KZH 的 4、5 端子。

该线路主要电器设备见表 1-34。

表 1-34　主要电器设备表

序号	项目代号	名　称	型号及规格	数量	单位	备注
1	TC	控制变压器	AC 220/13.5V,10VA	1	个	
2	SDJ	电极液位传感器	HJ-13	1	套	
3	SY	运行传感器	HYC-1	1	个	
4	2MK	启动模块	HQC-21	1	个	
5	1MK	液位模块	HKC-1SG	1	个	
6	KZH	水泵控制盒	HKD-21B	1	个	
7	PA	交流电流表	6L2-A	1	个	
8	TA	电流互感器		1	个	
9	FR	热继电器		1	个	
10	1~3KM	交流接触器		3	个	
11	2QF	控制断路器		1	个	
12	1QF	主断路器		1	个	
13	YM	电动阀		1	个	AC220V

1.3.6　SHD106 型电子模块控制两台给水泵（一用一备）全压启动及备用泵电流控制自投线路

SHD106 型电子模块控制两台给水泵（一用一备）全压启动及备用泵电流控制自投线路如图 1-47 所示。

① 该线路适用于给水泵进水接自消防水池的场所。当采用自动控制方式时，由液位传感器将液位信号经液位模块输出至水泵控制盒实现。当采用手动控制方式时，由人工操作水泵控制盒面板上的按钮完成。正常情况下，随着液位的变换，两台水泵轮流运行。

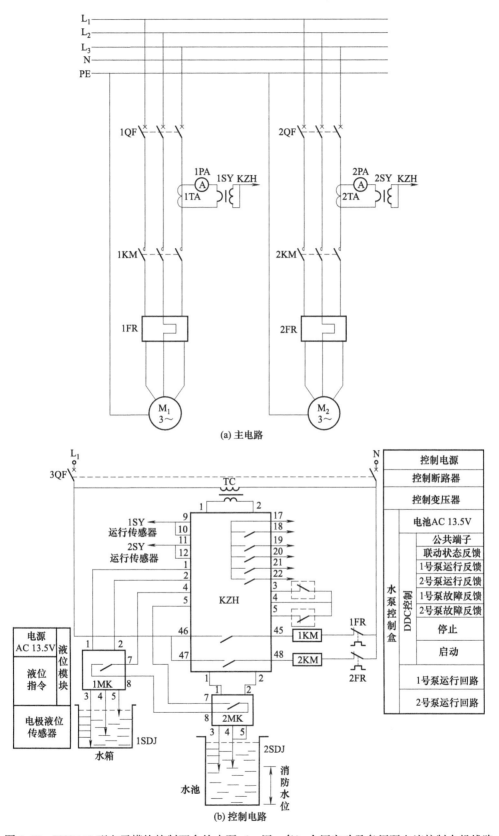

图 1-47 SHD106 型电子模块控制两台给水泵（一用一备）全压启动及备用泵电流控制自投线路

② 水泵控制盒面板上设有电源、启动、运行、故障状态的显示装置，当水泵电动机发生故障时有声、光报警。

③ 水泵控制盒可以对联动、运行、故障等反馈信号进行收集、处理，可满足 DDC（直接数字处理）系统的要求。

④ 若既需要控制水位又要实时显示水箱水位，并能超低、超高水位报警，可采用图 1-44 所示电路，即用 HKD-1SG 代替 1MK，并将 HKD-1SG 的输出控制触点 47、48 接至 KZH 的 4、5 端子。若消防水池需达到与水箱同样的要求，可用 HKD-1SP 代替 2MK，并将 HKD-1SP 与 HKD-1SG 的输出控制触点 47、48 串联后接至 KZH 的 4、5 端子。

该线路主要电器设备见表 1-35。

表 1-35 主要电器设备表

序号	项目代号	名 称	型号及规格	数量	单位	备注
1	TC	控制变压器	AC 220/13.5V,10VA	1	个	
2	1~2SDJ	电极液位传感器	HJ-13	2	套	
3	2MK	液位模块	HKC-1SP	1	个	
4	1MK	液位模块	HKC-1SG	1	个	
5	KZH	水泵控制盒	HDK-22B	1	个	
6	1~2SY	运行传感器	HYC-1	2	个	
7	1~2PA	交流电流表	6L2-A	2	个	
8	1~2TA	电流互感器		2	个	
9	1~2FR	热继电器		2	个	
10	1~2KM	交流接触器		2	个	
11	3QF	控制断路器		1	个	
12	1~2QF	主断路器		2	个	

1.3.7　SHD1006 型电子模块控制单台正压风机全压启动线路

SHD1006 型电子模块控制单台正压风机全压启动线路如图 1-48 所示。

① 当采取远方控制方式时，启动指令由 DDC（直接数字控制）系统继电器触点输出至风机控制盒实现。当采取手动控制方式时，由控制盒面板上的按钮操作和机旁完成。

② 设有联动、运行、故障、过负荷等反馈信号和远方操作，可满足 DDC、消防控制等要求。

③ 风机控制盒面板上设有电源、启动、运行、故障状态等显示装置，当风机电动机发生故障时，发出声、光报警。

该线路主要电器设备见表 1-36。

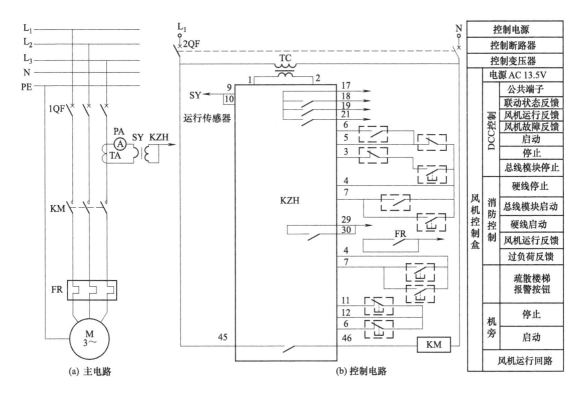

图 1-48　SHD1006 型电子模块控制单台正压风机全压启动线路

表 1-36　主要电器设备表

序号	项目代号	名　称	型号及规格	数量	单位
1	TC	控制变压器	AC 220/13.5V，10VA	1	个
2	KZH	风机控制盒	HKD-21F	1	个
3	SY	运行传感器	HYC-1	1	个
4	PA	交流电流表	6L2-A	1	个
5	TA	电流互感器		1	个
6	FR	热继电器		1	个
7	KM	交流接触器		1	个
8	2QF	控制断路器		1	个
9	1QF	主断路器		1	个

1.3.8　SHD1007 型电子模块控制单台正压风机自耦降压闭式启动线路

SHD1007 型电子模块控制单台正压风机自耦降压闭式启动线路如图 1-49 所示。

① 当采用自动控制时，启动指令由火灾报警控制器联动触点接至风机控制盒实现。当

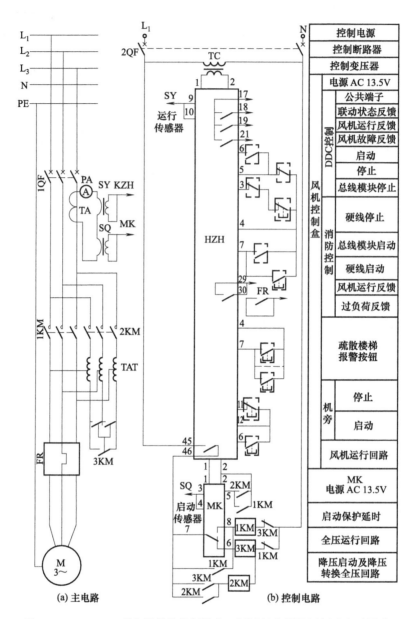

图 1-49 SHD1007 型电子模块控制单台正压风机自耦降压闭式启动线路

采用手动控制方式时，由控制盒面板上的按钮操作和机旁操作。

② 降压启动转换至全压运行是用电流控制的。即当启动电流降至 1.5 倍电动机额定电流时，便开始转换。降压启动模块还具有防止自耦变压器启动时间过长而烧毁的功能，用可调延时（30～60s）将降压启动强行转换至全压运行。

③ 风机控制盒可以对联动、运行、故障、过负荷等反馈信号进行收集、处理，满足DDC、消防控制的要求。风机控制盒面板上设有电源、启动、运行、故障状态的显示装置，当风机电动机发生故障时，发出声、光报警。

④ 自耦降压闭式启动无二次冲击电流。

该线路主要电器设备见表 1-37。

表 1-37 主要电器设备表

序号	项目代号	名 称	型号及规格	数量	单位
1	TC	控制变压器	AC 220/13.5V,10V・A	1	个
2	KZH	风机控制盒	HKD-21F	1	个
3	MK	启动模块	HQC-21	1	个
4	SY	运行传感器	HYC-1	1	个
5	SQ	启动传感器	HQC-1	1	个
6	TAT	自耦降压变压器	QZB	1	个
7	PA	交流电流表	6L2-A	1	个
8	TA	电流互感器		1	个
9	FR	热继电器		1	个
10	3KM	交流接触器		1	个
11	2KM	交流接触器		1	个
12	1KM	交流接触器		1	个
13	2QF	控制断路器		1	个
14	1QF	主断路器		1	个

第2章
变频器控制线路

2.1 变频器的特点与选用

2.1.1 变频器的特点及主要功能

(1) 变频器的基本构成

变频器是利用电力半导体器件的通断作用将工频电源变换成另一频率电源的电能控制装置。通俗地说，它是一种能改变施加于交流电动机的电源频率值和电压值的调速装置。

变频器是现代最先进的一种异步电动机调速装置，能实现软启动、软停车、无级调速以及特殊要求的增、减速特性等，具有显著的节电效果。它具有过载、过压、欠压、短路、接地等保护功能，具有各种预警、预报信息和状态信息及诊断功能，便于调试和监控，可用于恒转矩、平方转矩和恒功率等各种负载。

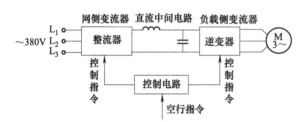

图 2-1 变频器的基本构成（交-直-交变频器）

变频器由电力电子半导体器件（如整流模块、绝缘栅双极晶体管 IGBT）、电子器件（集成电路、开关电源、电阻、电容等）和微处理器（CPU）等组成。其基本构成如图 2-1 所示，基本结构原理框图如图 2-2 所示。

变频器由主电路、控制电路、操作显示电路和保护电路 4 部分组成。

① 主电路 给异步电动机提供调频调压电源的电力变换部分称为主电路。主电路包括整流器、直流中间电路和逆变器。

a. 整流器。它由全波整流桥组成，其作用是把工频电源变换成直流电源。整流器的输入端接有压敏电阻网络，保护变频器免受浪涌过电压及大气过电压冲击而损坏。

b. 直流中间电路。由于逆变器的负载为异步电动机，属于感性负载，因此在直流中间电路和电动机之间总有无功功率交换，这种无功能量要靠直流中间电路的储能元件——电容器或电感器来缓冲。另外，直流中间电路对整流器的输出进行滤波，以减小直流电压或电流的波动。在直流电路里设有限流电路，以保护整流桥免受冲击电流作用而损坏。制动电阻是为了满足异步电动机制动需要而设置的。

c. 逆变器。它与整流器的作用相反，是将直流电源变换成频率和电压都任意可调的三

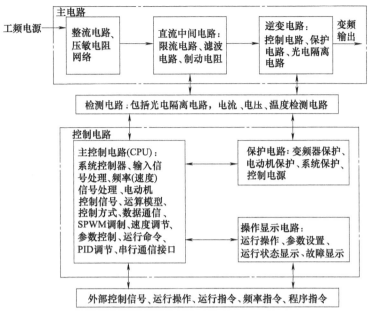

图 2-2 变频器的基本结构原理框图

相交流电源。逆变器的常见结构是由 6 个功率开关器件组成的三相桥式逆变电路。它们的工作状态受控于控制电路。

② 控制电路（主控制电路 CPU）　控制电路由运算放大电路，检测电路，控制信号的输入、输出电路，驱动电路等构成，一般采用微机进行全数字控制，主要靠软件完成各种功能。

③ 操作显示电路　这部分电路用于运行操作、参数设置、运行状态显示和故障显示。

④ 保护电路　这部分电路用于变频器本身保护及电动机保护等。

变频器的内部结构及外部接线如图 2-3 所示。

(2) 变频器与软启动器的不同点

软启动器与变频器的比较见表 2-1。

表 2-1　软启动器与变频器的比较

类别	软启动器	变频器
使用目的	只适用启动、制动过程	适用于启动、制动过程和连续运行过程
启动转矩	$(30\%\sim160\%)M_e$[①]	$(120\%\sim200\%)M_e$
启动方式	软启动、停机多样化，可恒压或恒流等	直线、倒 L、双 S、单 S 四种加减速模式，以输出频率为主
主要功能	启动后转换为工频运行	可调速或节能运行(处于变频状态)
适宜启动转矩	空载、轻载为主	可重载启动
控制方式	仅调压	调频、调压
主电路器件	晶闸管反并联，工频时短接	绝缘栅双极晶体管(IGBT)，脉宽调制技术(PWM)，交—直—交
停车方式	自由停车，软停车，制动停车[②]	自由停车，软停车，制动停车[②]，回馈制动

续表

类别	软启动器	变 频 器
保护功能	齐全	齐全
投资费用	低	高
经济效果	仅限启动节电	启动及运行都可节电

① M_e 为电动机额定转矩。

② 制动停车一般有机械制动和电气制动两种方式。

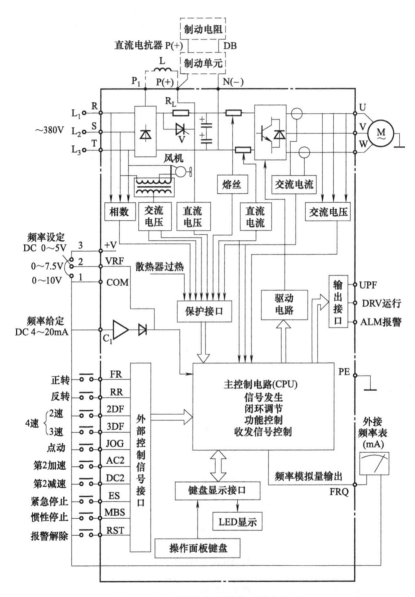

图 2-3 变频器的内部结构及外部接线

交流电动机是采用软启动器还是采用变频器，应根据具体情况，综合分析多种因素选用。考虑的主要因素如下。

① 负荷类型及调速要求。对于负荷较轻，又不需要调速机械，或有轻载节能启动要求

的机械，应选用软启动器。启动完毕便退出运行。

② 对于负载转矩很大（≥50％电动机额定转矩），且没有调速要求的设备（如由大容量高压电动机驱动的风机、水泵等机械），应选用变频器启动方式。启动完毕变频器即停止运行。

③ 在既要软启动或软停车又要调速的场合，不论是低压电动机还是高压电动机，也不论它的负载转矩的大小，只能选用变频器。用于调速的变频器启动后将随电动机连续运行。

(3) 变频器的主要功能

通用变频器的主要功能有：

① 设定频率范围。如 0.05～120Hz；0.1～400Hz 等。

② 自动加、减速控制。按照机械惯量 GD^2、负载特性自动确定加、减速时间。这一功能通常用于大惯性负载。

③ 加、减速时间。由加、减速时间的选择决定调速系统的快速性，如果选择较短的加、减速时间，会提高生产效率。但若加速时间选择得太短，会引起过电流；若减速时间选择得太短，则会使频率下降得太快，电动机容易进入制动状态（电动机转速大于定子频率对应的同步转速。转差率变负），可能会引起过电压。

④ 加、减速方式。可选择线性加、减速方式和 S 形加、减速方式。

⑤ 低频转子电压补偿功能，通常称为电动机的转矩提升。

⑥ 跳频功能。由变频器为交流电动机供电时，系统可能发生振荡。发生振荡的原因是：电气频率与机械频率发生共振或由纯电气引起。通常发生振荡是在某个或某些狭窄频率范围内，为了避免发生振荡，可采用跳频功能。

⑦ 瞬时停电再启动功能。由于电动机有很大的惯性，在停电的数秒钟时间内，电动机的转速可能还在期望值的范围内。这样，变频器可以在恢复供电后继续给电动机按正常运行供电，供不需要将电动机停止后再重新启动。

2.1.2　变频器的选用

(1) 变频器的选择

选择变频器主要考虑三个因素，第一个是用途，第二个是负载性质，第三个是容量。

变频器的容量要选择恰当。容量过小，则电动机潜力不能充分发挥；容量过大，则变频器的功能不能充分发挥，且增加了投资。

1) 按用途选择变频器

① 通用变频器　能与普通的笼型异步电动机配套使用，能适应各种不同性质的负载，并具有多种功能可供用户选择。

② 高性能专用变频器　主要应用于对电动机控制某个方面要求较高的系统，大多采用矢量控制方式，驱动对象通常是变频器厂家指定的专用电动机。有高精度的转矩/速度/位置控制专用变频器，有张力控制专用变频器，有机床专用变频器。

③ 高频变频器　在超精密加工和高性能机械中，为了满足高速电动机的驱动要求，出现了采用 PAM（脉冲幅值调制）控制方式的高频变频器，其输出频率可达到 3kHz，有的甚

至可达到 5kHz。

另外，还有针对某种类型的机械而设计的专用变频器，如风机、泵类用变频器。这类负载，低速时转矩较小，对过载能力和转速精度要求较低。

2) 按负载性质选择变频器 如果用户的负载性质和参数清楚、明确（例如有确定的速度图和转矩图等），则很容易从变频器的产品性能参数（如电流、过负载电流、持续时间和过负载频度等）中选择合适的变频器。选择变频器时涉及的主要负载类型及注意事项有以下几个方面。

① 负载的启动转矩和加速转矩 选择变频器时需要了解负载的启动转矩和加速转矩等特性。

a. 启动转矩 大多数给料机、物料输送机、混料机、搅拌机等机械，启动转矩可能达到额定转矩的 150%～170%，泥浆泵、往复式柱塞泵等机械的启动转矩，可能达到额定转矩的 150%～175%，这就要选择能适应较大启动转矩的变频器；但许多通用机械（如离心式风机和水泵等）的启动转矩小于 100% 额定转矩，有些可能小至 25% 额定转矩，对于这些机械只要选择能满足额定转矩的变频器即可。

b. 加速转矩 加速转矩是指使机械从刚开始转动直至加速到额定转速所需要的转矩，其值为机械静阻转矩与动转矩之和。一般风机、水泵的加速转矩不超过额定转矩的 100%。但大功率风机由于飞轮的转动惯量 GD^2 很大，加速转矩就很大；离心式水泵开阀门时加速转矩可达 100%，而其他型式的泵可能达到 150% 或更大；轧钢机等在要求尽量缩短加速时间时，要求加速转矩愈大愈好。

② 变转矩负载 风机、水泵的转矩近似地与速度平方成正比。除离心式水泵和离心式风机不需考虑过载能力外，对其他型式的泵和风机都要分析其实际过负载的可能性。

对于没有过负载的设备，可以用设备的额定功率 P 来选择变频器的容量，这时变频器的电流限幅应为 100%。如采用有 15%、1min 过载能力的变频器，则电流限幅也可以放宽到 115%。

对于转动惯量 GD^2 比较大的离心式风机，可能有较大的加速转矩，应选择有不小于 15%、1min 过载能力的变频器。离心式水泵和离心式风机在低速运行时功能较小，要求调速范围不大，对变频器的性能要求不高。

③ 恒转矩负载 恒转矩负载的阻力矩与转速无关。但实际上"恒定"是少见的。因为设备在运行中有启动、加减速运转和等速运转等多种状态，负载大小也在变化。如果过负载大小和持续时间及频度超过变频器相应的允许值，则应按过负载时的尖峰电流并考虑一定的裕量系数来选择变频器的额定输出电流。如果过负载的大小、持续时间和频度都在变频器过载能力的范围内，则应该充分利用变频器的过载能力。

传动牵引负载可分为轻型、中型和重型三类。即使轻型牵引，在选择变频器时也要有150% 过载运行、持续时间 2min 或 200% 过载运行、持续时间 110s 的要求。

负载类型与节能关系见表 2-2。

表 2-2 负载类型与节能关系

负载类型	恒转矩 $M=C$	平方转矩 $M \propto n^2$	恒功率 $P=C$
主要设备	输送带、起重机、挤压机、压缩机	各类风机、泵类	卷板机、轧机、机床主轴

负载类型	恒转矩 $M=C$	平方转矩 $M \propto n^2$	恒功率 $P=C$
功率与转速关系	$P \propto n$	$P \propto n^3$	$P=C$
使用变频器目的	节能为主	节能为主	调速为主
使用变频器节电效果	一般	显著	较小(指降压方式)

3）按负载的调速范围选择变频器　设备的调速范围是由生产工艺要求所决定的。选择变频器的关键是，在负载最低速度的情况下变频器能有足够的电流输出能力。必须指出，是否能满足调速范围和最低速度运行条件下的转矩要求，不但取决于变频器的性能，也取决于传动电动机在最低频率下的机械特性。如果电动机制造厂能准确提供调速电动机的转矩-速度特性曲线和相关数据，就能据此选择一个合适的接近理想的变频器。总之，只有变频器和电动机组合成一个变频调速系统，且两者的技术参数均符合要求才能满足低速条件下的负载转矩的要求。

4）变频器容量选择

① 按负载性质选择变频器容量

a. 轻载启动或连续运行时

$$I_{fe} \geq 1.1 I_e$$
$$I_{fe} \geq 1.1 I_{max}$$

式中　I_{fe}——变频器的额定输出电流，A；

I_e——电动机额定电流，A；

I_{max}——电动机实际运行中最大电流，A。

b. 重载启动和频繁启动、制动运行的负载时

$$I_{fe} \geq (1.2 \sim 1.3) I_e$$

c. 风机、泵类负载时

$$I_{fe} \geq 1.1 I_e$$

d. 频繁加减速时

$$I_{fe} \geq K I_{if}$$

式中　K——安全系数，运行频繁时取 1.2，不频繁时取 1.1；

I_{if}——根据负载加速、减速、恒速等运动曲线求得的负载等效电流，A。

e. 直接启动时

$$I_{fe} \geq \frac{I_q}{K_f} = \frac{K_q I_e}{K_f}$$

式中　I_q——电动机直接启动电流，A；

K_q——电动机直接启动的电流倍数，约 5～7 倍；

K_f——变频器的允许过载倍数，可由变频器产品说明书查得，一般可取 1.5。

② 按电动机的功率选择变频器容量　根据 GB 12668—90《交流电动机半导体变频调速装置总技术条件》，380V、160kW 以下单台电动机功率与变频器容量的匹配见表 2-3。

另外，在变频器的说明书上，都有"配用电动机功率"一栏。表 2-4 所示是通用 Y 系列四极三相笼型异步电动机与三菱通用 500 系列变频器型号的匹配。

表 2-3　电动机与变频器的匹配（一）

电动机功率/kW	变频器容量/kV·A	电动机功率/kW	变频器容量/kV·A
0.4 0.75	2	22 30	50
1.5 2.2	4	37	60
3.7	6	45 55	100
5.5	10	75	150
7.5	15	90	
11 15	25	110 132	200
18.5	35	160	230

注：表中匹配关系不是唯一的，用户可以根据应用情况自行选择。

表 2-4　电动机与变频器的匹配（二）

电动机功率/kW(电流/A)	三菱变频器 FR-540-□□K-CH
15(30.3)	FR-540-15K-CH
18.5(35.9)	FR-540-18.5K-CH
22(42.5)	FR-540-22K-CH
30(56.9)	FR-540-30K-CH
37(69.8)	FR-540-37K-CH
45(84.2)	FR-540-45K-CK

通用变频器一般是按四极电动机的电流值设计的。如果电动机不是四极（如八极、十极等多极电动机），就不能仅以电动机的容量来选择变频器的容量，必须用电动机的额定电流值和变频器额定电流值是否匹配来校核。

（2）变频器的使用

1）变频器的工作环境　变频器只有在规定的环境中才能安全可靠地工作。若环境条件中有不满足其要求的，则应采取相应的改善措施。变频器的运行环境条件规定如下：

① 环境温度：$-10\sim+50℃$。超过此温度范围时，电子元器件容易损坏，功能易失灵。应注意通风散热。

② 相对湿度：$20\%\sim90\%$，不结露，无冰冻，否则容易破坏电气绝缘或腐蚀电路板，击穿电子元器件。

③ 没有灰尘、腐蚀性气体、可燃性气体或油雾，不受日光直晒，否则会腐蚀电路板及电子元器件，并有可能引起火灾事故。

④ 海拔高度：1000m 以下。海拔过高时，气压下降，容易破坏电气绝缘，在 1500m 时耐压降低 5％，3000m 时耐压降低 20％。另外，海拔超高，额定电流值将减小，1500m 时减小为 99％，3000m 时减小为 96％。从 1000m 开始，每超过 100m，允许温度就下降 1％。

⑤ 振动：振动加速度应小于 0.6g。振动过大会使变频器紧固件松动，继电器、接触器

等器件误动作，损坏电子元器件。

振动加速度 G 可实测。测出振幅 A（mm）和频率 f（Hz），然后按下式求出振动加速度 G：

$$G = (2\pi f)^2 \times \frac{A}{9800} g$$

如果在振动加速度 G 超过允许值处安装变频器，应采取防振措施，如加装隔振器，采用防振橡胶垫等。

另外，还对供电电源有如下要求：

① 交流输入电源。电压持续波动不超过 ±10%，短暂波动不超过 −10%～+15%；频率波动不超过 ±2%，频率的变化速度每秒不超过 ±1%；三相电源的负序分量不超过正序分量的 5%。

② 直流输入电源。电压波动范围为额定值的 −7.5%～+5%，蓄电池组供电时的电压波动范围为额定值的 ±15%；直流电压纹波（峰—谷值）不超过额定电压值的 15%。

2）变频器使用的注意事项　变频器使用不当，不但不能很好地发挥其优良的功能，而且还有可能损坏变频器及其配套设备，或造成变频器与周围相关设备相互干扰等。因此使用中应注意以下事项：

① 必须正确选用变频器。

② 认真阅读产品说明书，并按说明书的要求接线、安装和使用。

③ 变频器应可靠接地，以抑制射频干扰。

④ 用变频器控制电动机转速时，电动机的温升及噪声会比用电网供电时高；在低速运转时，因电动机风叶转速低，应注意通风冷却，并适当减轻负载，以免电动机温升超过允许值。

⑤ 供电线路的阻抗不能太小。变频器接入低压电网，当配电变压器容量大于 500kV·A，或配电变压器的容量大于变频器容量 10 倍时，或变频器接在离配电变压器很近时，由于回路阻抗小，投入瞬间对变频器产生很大的涌流，会损坏变频器的整流元件等。

当线路阻抗过小时，应在电网与变频器之间加装交流电抗器。

⑥ 当电网三相电压不平衡率大于 3% 时，变频器输入电流的峰值就很大，会造成变频器及连接线过热或损坏电子元件，这时也需加装交流电抗器。特别是变压器为 V 形接法时更为严重，除在交流侧加装电抗器外，还需在直流侧加装直流电抗器。

⑦ 不能因为提高功率因数而在进线侧装设过大的电容器，也不能在电动机与变频器之间装设电容器，否则会使线路阻抗下降，导致过电流而损坏变频器。目前富士 G9、P9 等型变频器已装备直流电抗器，能有效地改善功率因数，在额定负载下，功率因数可达 0.94～0.95。

⑧ 变频器出线侧不能并联补偿电容，也不能为了减少变频器输出电压的高次谐波而并联电容器。为了减少谐波，可以串联电抗器。

⑨ 用变频器调速的电动机的启动和停止，不能用断路器及接触器直接操作，而应用变频器的控制端子来操作，否则会造成变频器失控，并可能造成严重后果。

⑩ 当电动机另有制动器时，变频器应工作于自由停机方式，且制动的动作信号应在变频器发出停车指令后才发出。

⑪ 变频器外接的制动电阻值不能小于变频器允许所带制动电阻的要求。在能满足制动要求的前提下,制动电阻宜取大些。切不可将应接制动电阻的端子直接短接,否则在制动时会通过开关管发生短路事故。

⑫ 变频器与电动机相连时,不允许用兆欧表去测量电动机的绝缘电阻值,否则兆欧表输出的高压会损坏逆变器。

⑬ 正确处理好升速和减速问题。变频器设定的加、减速时间过短,容易受到"电冲击"而有可能损坏变频器。因此使用变频器时,在负载设备允许的前提下,应尽量延长加减速时间。

如果负载重,则应增加加减速时间;反之,可适当减少加减速时间。

如果负载设备需要短时间内加减速,则必须考虑增大变频器的容量,以免电流太大超过变频器的额定电流。

如果负载设备需要很短的加减速时间(如 1s 以内),则应考虑在变频器上采用制动系统。一般较大容量的变频器都配有制动系统。

⑭ 变频器应垂直安装,留有通风空间,并控制环境温度不超过 40℃。通风空间一般为:变频器上方留有大于 120mm 空间,左、右侧各留有大于 50mm 空间,底面距地面大于 120mm。

⑮ 必须采取抗干扰措施,以免变频器受干扰而影响其正常工作,或变频器产生的高次谐波干扰其他电子设备的正常工作。

变频器主要抗干扰措施有:

① 强、弱电分开。将控制回路电缆与主回路电缆等尽可能分开。分开距离一般不小于 30cm,最小不小于 10cm。当分开有困难时,可将控制电缆穿钢管敷设。

② 外接控制线应采用金属屏蔽线或绞线,且布线不宜过长。应尽量避开可能成为干扰源的漏磁通大的设备,如变压器、电动机、电焊机等。

③ 抑制电火花干扰。靠近变频器的继电器、接触器触点,动作时易产生电火花,从而会干扰变频器,安装时应尽可能远离些,最好在电磁线圈或触头上并联 RC 电路或其他消火花电路。一般电容 C 取 $0.01\sim0.1\mu\mathrm{F}$;电阻 R 取几百至 $1\mathrm{k}\Omega$。

④ 安装变频器的控制柜(箱)外壳必须接地。控制柜(箱)应尽量远离大容量变压器、电动机、电焊机等。

⑤ 屏蔽电缆在端子箱中连接时,屏蔽端子要互相连接,并接地。

⑥ 为防止接地不当引起的电位差等造成干扰,宜将速度给定控制电缆取 1 点接地,接地线不作为信号的通路使用;电缆的接地设在变频器侧,并使用专设的接地端子,不与其他接地端子共用。接地电阻一般不大于 10Ω。

(3) 变频器的技术数据

① 变频器主电路端子和接地端子功能 变频器的生产厂家不同,其主电路端子和控制电路的端子符号标志也可能不同,但基本功能大致类似。

一般变频器主电路端子、接地端子的符号名称及功能见表 2-5。

表 2-5　变频器主电路端子、接地端子的功能

端子符号	端子名称	功能说明
R、S、T	主电路电源端子	连接三相电源
U、V、W	变频器输出端子	连接三相电动机
P_1、P(+)	直流电抗器连接用端子	改善功率因数的电抗器(选用件)
P(+)、DB	外部制动电阻连接用端子	连接外部制动电阻(选用件)
P(+)、N(−)	制动单元连接端子	连接外部制动单元
PE	变频器接地用端子	变频器外壳接地端子

② JP6C 系列变频器控制电路端子功能　JP6C 系列变频器控制电路端子名称及功能见表 2-6。

表 2-6　JP6C 系列变频器控制电路端子名称及功能

分类	端子符号	端子名称	功　能　说　明	
频率设定	13	可调电阻器用电源	作为频率设定器(可调电阻:1~5kΩ)用电源	DC +10V,10mA(最大)
	12	设定用电压输入	DC 0~+10V,以+10V 输出最高频率,输入电阻为 22kΩ	
	CI	设定用电流输入	DC 4~20mA,以 20mA 输出最高频率,输入电阻为 250Ω	
	11	频率设定公用端	频率设定信号(12、13、CI)的公用端子	
控制输入	FWD	正转运转停止指令	FWD-CM 之间接通,正转运转,断开后,则减速停止	FWD-CD 与 REV-CM 同时接通时,减速后停止(有运转指令,而且频率设定为 0Hz)。但是在选择模式运转(功能/数据码:33/1~33/3)中,则成为暂停
	REV	反转运转停止指令	REV-CM 之间接通,正转运转,断开后,则减速停止	
	BX	自由运转指令	BX-CM 之间接通,立即切断变频器输出,电动机自由运转后停止,不输出报警信号	BX 信号不能自保持在运转指令(FWD 或 REV)接通的状态中,若断开 BX-CM,则从 0Hz 启动
	THR	外部报警输入	在运转中若 THR-CM 之间断开,变频器的输出切断(电动机自由运转),则输出报警这个信号在内部自保持,RST 输入就被复位,可用于制动电阻过热保护等	出厂时,RST-CM 之间用短路片连接,因而在使用时要取出短路片,平常连接常闭的接点
	RST	复位	RST-CM 之间接通,解除变频器跳闸后的保持状态	没有消除故障原因时,不能解除跳闸状态
	X1,X2,X3	多段频率选择	通过 X1-CM、X2-CM、X3-CM 之间的接通/断开的组合,多段频率设定 1~7 段(1 速~7 速,功能码:34~40)是有效的	

通过 X1-CM、X2-CM、X3-CM 之间的接通/断开的组合,多段频率设定 1~7 段(1 速~7 速,功能码:34~40)是有效的

键操作/外部设定	1速	2速	3速	4速	5速	6速	7速
X1-CM	—	●	—	●	—	●	—	●
X2-CM	—	—	●	●	—	—	●	●
X2-CM	—	—	—	—	●	●	●	●

(注 1)●表示接通,—表示断开。
(注 2)所谓外部设定,指的是用模拟或数字(任选)的外部信号来设定

续表

分类	端子符号	端子名称	功 能 说 明
控制输入	X4,X5	加速时间的选择	通过 X4-CM、X5-CM 之间的接通/断开的组合，能选择最多 4 种加速时间（加速 1～加速 4/减速 1～减速 4,功能码:05,06,49～54）<table><tr><td></td><td>加速 1/减速 1</td><td>加速 2/减速 2</td><td>加速 3/减速 3</td><td>加速 4/减速 4</td></tr><tr><td>X4-CM</td><td>—</td><td>●</td><td>—</td><td>●</td></tr><tr><td>X5-CM</td><td>—</td><td>—</td><td>●</td><td>●</td></tr></table>（注）●表示接通，—表示断开
	CM	接点输入公用端	接点输入信号的公用端子
仪表用	FMA,11	模拟量输出	从下面选择(功能码 59)一个项目,用直流电流输出: ●频率(0～最高频率)输出电流(0～200％电流) ●负载率(0～200％负载)转矩(0～200％转矩)　　最多能连接两个 DC 0～1mA(能根据功能码 58 调整)

③ 森兰 BT40 系列变频器控制电路端子功能　森兰 BT40 系列变频器控制电路端子名称及功能见表 2-7。

表 2-7　森兰 BT40 系列变频器控制电路端子名称及功能

符号	名　称	端子功能说明
5V	5V 电源	作为频率给定器(可调电阻:1～5kΩ)用电源
GND	5V 地	为 VRF、IRF、FMA 的公共端
VRF	给定电压输入	模拟电压信号输入端(CD 0～5V 或 0～10V),输入电阻为 10kΩ
IRF	给定电流输入	模拟电流信号输入端(DC 4～20mA),输入电阻为 240Ω
PO	频率脉冲输出	频率信号脉冲输出端,PO-GND 之间接数字频率计显示运行频率
PI	保留	保留
FMA	模拟信号输出	频率/电流/负载率模拟 1mA 信号输出,直接在 FMA-GND 之间接 DC 1mA 的电流表,可显示输出电流、负载率、频率
X1～X3	可编程输入端子	(1)当 F51＝0 和 F69＝0 时,作多段频率输入:X1、X2、X3 与 CM 接通/断开,选择多段频率 1～7 段(功能码:F44～F50)<table><tr><td></td><td>F44</td><td>F45</td><td>F46</td><td>F47</td><td>F48</td><td>F49</td><td>F50</td></tr><tr><td>X1-CM</td><td>ON</td><td>OFF</td><td>ON</td><td>OFF</td><td>ON</td><td>OFF</td><td>ON</td></tr><tr><td>X2-CM</td><td>OFF</td><td>ON</td><td>ON</td><td>OFF</td><td>OFF</td><td>ON</td><td>ON</td></tr><tr><td>X3-CM</td><td>OFF</td><td>OFF</td><td>OFF</td><td>ON</td><td>ON</td><td>ON</td><td>ON</td></tr></table>(2)当 F69＝0 且 F51≠0 时: 接通 X3 与 CM,变频器按 F51 方式运行; 断开 X3 与 CM,变频器程序运行停止; 接通 X2 与 CM,变频器程序运行暂停; 接通 X1 与 CM 且 F51＝4 时,变频器以 F00 所设置的频率正转运行

续表

符号	名　称	端子功能说明			
X4、X5	加减速时间或频率外控	(1)当 F69＝0 时,X4、X5 与 CM 的接通/断开,选择 4 种加、减速时间(功能码:F08～F15)			
			加、减速 1	加、减速 2	加、减速 3	加、减速 4
		X4-CM	OFF	ON	OFF	ON
		X5-CM	OFF	OFF	ON	ON
		(2)当 F69＝1 时保留 F01 时,X4、X5 作外控加、减频率用,加、减速时间固定为第一加、减速时间,X4 为递减,X5 为递增			
RESET	复位	短接 RESET 与 CM 一次复位一次			
JOG	点动输入端	当变频器处于停止状态时,短接 JOG 与 CM,再短接 FWD 和 CM 或 REV 和 CM,变频器点动正、反转,F03 停车方式有效			
THR	外部报警	断开 THR 与 CM,产生外部报警(oLE),变频器立即关断输出			
REV	反转运行端	当 F02 为 1 或 2 时,有效。接通 REV 与 CM,变频器反转,断开后则减速停止。REV、FWD 同时接通 CM 时,变频器停止			
FWD	正转运行端	当 F02 为 1 或 2 时,有效。接通 FWD 与 CM,变频器正转,断开后则减速停止,当触摸面板控制运行时 FWD 作控制转向用。短接 FWD 与 CM 为反转,断开为正转			
CM	公共端	控制输入端及运行状态输出端的公共地			
30A 30B 30C	故障继电器输出	30A、30B 为常开触点,30B、30C 为常闭触点 当面板故障代码为 ouu(过电压)、Lou(欠电压)、oLE(外部报警)、FL(短路、过热)、oL(过载)时有效			
Y1～Y3	多功能输出端子	集电极开路输出			

④ 雷诺尔 RNB3000 系列变频器控制电路端子功能　雷诺尔 RNB3000 系列变频器控制电路端子名称及功能见表 2-8。

表 2-8　雷诺尔 RNB3000 系列变频器控制电路端子名称及功能

端子编号	符号	名　称	端子功能说明
4	VREF	电位器用电源	频率设定电位器(5～10kΩ)用电源(＋10V DC)
5	VG	频率设定电压输入	(1)按外部模拟输入电压命令值设定频率 0～10V DC/0～100％分辨率 10bit 输入精度 1％ (2)输入 PID 控制的反馈信号(输入电阻 10kΩ)
24	5V	5V 电源输出	5V 电源输出,电流＜200mA
7	1G	频率设定电压输入	(1)外接输入电流设定频率 4～20mA(0～10mA)对应 0～100％ (2)输入 PID 控制的反馈信号(输入电阻 250Ω)分辨率 10bit 输入精度 1％
6	GND	模拟信号公共端	模拟输入信号的公共端子
12 13 14	X1 X2 X3	外部多段频率信号输入	由 12、13、14 与 20 相短接的组合构成外部 7 段设定频率,电平 24V DC

续表

端子编号	符号	名　称	端子功能说明
15	RST	复位	15 与 20 短接可复位变频器
17	EMG	急停	17 与 20 短接，电动机立即断电停车，电平 24V DC
18	REV	反转	18 与 20 短接，电动机反转运行；开路，电动机停止运行，电平 24V DC
19	FWD	正转	19 与 20 短接，电动机正转运行；开路，电动机停止运行，电平 24V DC
20	COM	数字信号公共端	
10	24V	数字信号电源	可提供外部电源(24V DC)，电流＜200mA
8	AM1	模拟输出	电压输出，可对外输出电流、电压、功率、频率等信号(GND 为公共端)端子，输出电平 0～10V，端子输出电流＜20mA，输入分辨率 80bit
9	AM2		电压输出，功能同上，输出电流 4～20mA(0～10mA)，输出分辨率 80bit
11 12	OT1 OT2	可编程数字输出	可对外输出启动/停止、达到给定频率(开环)、超过预定频率、低于预定频率等信号，继电器输出接点，接点容量：AC 250V3A
16	D01		可对外输出启动/停止、达到给定频率(开环)、超过预定频率、低于预定频率等信号，集电极开路输出，电平 24V DC，电流＜200mA，耐压 50V
22 23	A B	RS485 信号输出	RS485 通信
1 2 3	FA FB FC	故障继电器输出	变频器由于过流、过压、欠压、过热、短路等报警停止时，故障继电器输出接点(1、2、3)输出报警信号。产生报警后，需手动复位。接点容量：AC 250V3A

⑤ JP6C-T9 型和 JP6C-J9 型变频器的基本规格和主要技术参数　JP6C-T9 和 JP6C-J9 型变频器基本规格和主要技术参数见表 2-9。

表 2-9　JP6C-T9 和 JP6C-J9 型变频器的基本规格和主要技术参数

型号 JP6C-		T9 -0.75	T9 -1.5	T9 -2.2	T9 -5.5	T9/J9 -7.5	T9/J9 -11	T9/J9 -15	T9/J9 -18.5	T9/J9 -22	T9/J9 -30	T9/J9 -37	T9/J9 -45	T9/J9 -55	T9/J9 -75	T9/J9 -90	T9/J9 -110	T9/J9 -132	T9/J9 -160	T9/J9 -200	T9/J9 -220	T9/J9 -280
适用电动机功率/kW		0.75	1.5	2.2	5.5	7.5	11	15	18.5	22	30	37	45	55	75	90	110	132	160	200	220	280
额定输出	额定容量[①]/kV·A	2.0	3.0	4.2	10	14	18	23	30	34	46	57	69	85	114	134	160	193	232	287	316	400
	额定电流/A	2.5	3.7	5.5	13	18	24	30	39	45	60	75	91	112	150	176	210	253	304	377	415	520
	额定过载电流	T9 系列：额定电流的 150% 1min；J9 系列：额定电流的 120%1min																				
	电压	3 相，380～440V																				
输入电源	相数,电压,频率	3 相，380～440V，50/60Hz																				
	允许波动	电压：+10%～-15%，频率：±5%																				

续表

型号 JP6C-	T9 -0.75	T9 -1.5	T9 -2.2	T9 -5.5	T9/J9 -7.5	T9/J9 -11	T9/J9 -15	T9/J9 -18.5	T9/J9 -22	T9/J9 -30	T9/J9 -37	T9/J9 -45	T9/J9 -55	T9/J9 -75	T9/J9 -90	T9/J9 -110	T9/J9 -132	T9/J9 -160	T9/J9 -200	T9/J9 -220	T9/J9 -280
输入 电源 抗瞬时 电压 降低	310V 以上可以继续运行，电压从额定值降到 310V 以下时，继续运行 15ms																				
输 出 频 率 设 定 最高 频率	T9 系列：50～400Hz 可变设定；J9 系列：50～120Hz 可变设定																				
	基本 频率	T9 系列：50～400Hz 可变设定；J9 系列：50～120Hz 可变设定																				
	启动 频率	0.5～60Hz 可变设定				2～4kHz 可变设定																
	载波 频率	2～6kHz 可变设定																				
	精度	模拟设定：最高频率设定值的 ±0.3%（25±10℃）以下；数字设定：最高频率设定值的 ±0.01%（−10～+50℃）																				
	分辨率	模拟设定：最高频率设定值的 1/2000；数字设定：0.01Hz（99.99Hz 以下），0.1Hz（100Hz 以上）																				
控 制 电压-频 率特性	用基本频率可设定 320～440V																				
	转矩 提升	自动：根据负载转矩调整到最佳值；手动：0.1～20.0 编码设定																				
	启动 转矩	T9 系列：150% 以上（转矩矢量控制时）；J9 系列：50% 以上（转矩矢量控制时）																				
	加减 速时间	0.1～3600s，对加速时间，减速时间可单独设定 4 种，可选择线性加速、减速特性曲线																				
	附属 功能	上下限频率控制、偏置频率、频率设定增益、跳跃频率、瞬时停电再启动（转速跟踪再启动）、电流限制																				
运 转 运转 操作	触摸面板：RUN 键、STOP 键、远距离操作；端子输入：正转指令、反转指令、自由运转指令等																				
	频率 设定	触摸面板：∧键、∨键；端子输入：多段频率选择、模拟信号；频率设定器 DC 0～10V 或 DC 4～200mA																				
	运转 状态 输出	集中报警输出 开路集电极：能选择运转中、频率到达、频率等级、检测等 9 种或单独报警 模拟信号：能选择输出频率、输出电流、转矩、负载率（0～1mA）																				
显 示 数字 显示器 （LED）	输出频率、输出电流、输出电压、转速等 8 种运行数据，设定频率故障码																				
	液晶 显示器 （LCD）	运转信息、操作指导、功能码名称、设定数据、故障信息等																				
	灯指示 （LED）	充电（有电压）、显示数据单位、触摸面板操作批示、运行指示																				
制 动 制动 转矩②	100% 以上				电容充电制动 20% 以上								电容充电制动 10%～15%								
	制动 选择③	内设制动电阻				外接制动电阻 100%								外接制动单元和制动电阻 70%								

续表

型号 JP6C-		T9 -0.75	T9 -1.5	T9 -2.2	T9 -5.5	T9/J9 -7.5	T9/J9 -11	T9/J9 -15	T9/J9 -18.5	T9/J9 -22	T9/J9 -30	T9/J9 -37	T9/J9 -45	T9/J9 -55	T9/J9 -75	T9/J9 -90	T9/J9 -110	T9/J9 -132	T9/J9 -160	T9/J9 -200	T9/J9 -220	T9/J9 -280
制动	直流制动设定	制动开始频率(0～60Hz),制动时间(0～30s),制动力(0～200%可变设定)																				
保护功能		过电流、短路、接地、过压、欠压、过载、过热,电动机过载、外部报警、电涌保护、主器件自保护																				
外壳防护等级		IP40			IP00(IP20 为选用)																	
环境	使用场所	屋内、海拔 1000m 以下,没有腐蚀性气体、灰尘、直射阳光																				
	环境温度湿度	−10～+50℃/20%～90%RH 不结露(220kW 以下规格在超过 40℃时,需卸下通风盖)																				
	振动	5.9M/s²(0.6G)以下																				
	保存温度	−20～+65℃(适用运输等短时间的保存)																				
	冷却方式	强制风冷																				

① 按电源电压 440V 时计算值。

② 对于 T9 系列,7.5～22kW 为 20%以上,30～280kW 为 10%～15%。

③ 对于 J9 系列,7.5～22kW 为 100%以上,30～280kW 为 75%以上 (使用制动电阻时)。

⑥ 西门子 MM420 型通用变频器的技术指标　MM420 型通用变频器的主要技术指标见表 2-10。

表 2-10　MM420 型通用变频器主要技术指标

输入电压和功率范围	1 相 AC 200～240V,±10%;0.12～3kW
	3 相 AC 200～240V,±10%;0.12～5.5kW
	3 相 AC 380～480V,±10%;0.37～1kW
输入频率	47～63Hz
输出频率	0～650Hz
功率因数	≥0.7
变频器效率	96%～97%
过载能力	1.5 倍额定输出电流,60s(每 300s 一次)
投运电流	小于额定输入电流
控制方式	线性 U/f_1 二次方 U/f(风机的特性曲线),可编程 U/f_1,磁通电流控制(FCC)
PWM 频率	2～16kHz(每级调速 2kHz)
固定频率	7 个,可编程
跳转频带	4 个,可编程
频率设定值的分辨率	0.01Hz,数字设定;0.01Hz,串行通信设定;10 位,模拟设定
数字输入	3 个完全可编程的带隔离的数字输入,可切换为 PNP/NPN
模拟输入	1 个,用于设定值输入或 PI 输出(0～10V),可标定;可作为第 4 个数字输入使用

续表

继电器输出	1 个,可组态为 30V 直流 5A(电阻负载)或 250V 交流 2A(感性负载)
模拟输出	1 个,可编程(0～20mA)
串行接口	RS-232、RS-485
电磁兼容性	可选用 EMC 滤波器,符合 EN55011 A 级或 B 级标准
制动	直流制动、复合制动
保护等级	IP20
工作温度范围	−10～+50℃
存放温度	−40～+70℃
湿度	相对湿度 95%,无结露
海拔	在海拔 1000m 以下使用时不降低额定参数
保护功能	欠电压、过电压、过负载、接地故障、短路、防失速、闭锁电动机、电动机过热、PTC、变频器过热、参数 PIN 编号
标准	UL、CUL、CE、C-tick
标记	通过 EC 低电压规范 73/23/EEC 和电磁兼容性规范 89/336/EEC 的确认

⑦ 富士 FVR-E11S 系列通用变频器的技术指标　FVR-E11S 系列通用变频器的主要技术指标见表 2-11 和表 2-12。

表 2-11　FVR-E11S 系列通用变频器的主要技术指标 (一)

项　　目		三相 400V 系列						
型号 FVR-E11S-4JE		0.4	0.75	1.5	2.2	3.7	5.5	7.5
适配电动机功率/kW		0.4	0.75	1.5	2.2	3.7	5.5	7.5
输出额定	额定容量/kV·A	1.1	1.9	2.8	4.1	6.8	9.9	12
	额定电压/V	三相 380V、400V、415V/50Hz,380V、400V、440V、460V/60Hz						
	额定电流/A	1.5	2.5	3.7	5.5	9.0	13	18
	过载电流	150%额定电流,1min;20%额定电流,0.5s						
	额定频率/Hz	50/60						
输入额定	相数、电压、频率	3 相,380～450V,50/60Hz						
	电压、频率允许波动范围	电压:+10%～15%、电压不平衡率<2% 频率:+5%～−5%						
	瞬时低电压耐量	输入电压在 300V 以上时,变频器能连续运行,由额定电压降低至 300V 以下时,变频器能继续运行 15ms,可选择平稳恢复模式(自动再启动功能)						
	额定电流/A　有 DCR	0.82	1.5	2.9	4.2	7.1	10.0	13.5
	无 DCR	1.8	3.5	6.2	9.2	14.9	21.5	27.9
	需要电源容量/kV·A	0.6	1.1	2.1	3.0	5.0	7.0	9.4
控制	启动转矩	200%(选择动态转矩矢量控制时)						

项 目		三相 400V 系列		
制动	制动转矩(标准)	70％	40％	20％
	制动转矩(使用选件)	15％		
	直流制动	制动开始频率为 0～60Hz,制动时间为 0～30s,制动值为 0～100％额定电流		
防护等级(IEC 60529)		IP20		
冷却方式		自然冷却	风扇冷却	

表 2-12　FVR-E11S 系列通用变频器的主要技术指标(二)

项 目		单相 220V 系列								
型号 FVR-E11S-2JE		0.1	0.2	0.4	0.75	1.5	2.2	3.7	5.5	7.5
适配电动机功率/kW		0.1	0.2	0.4	0.75	1.5	2.2	3.7	5.5	7.5
输出额定	额定容量/kV・A	0.30	0.57	1.1	1.9	3.0	4.1	6.4	9.5	12
	额定电压/V	单相 220V/50Hz,200V,220V,230V/60Hz								
	额定电流/A	0.8	1.5	3.0	5.0	8.0	11	17	25	33
	过载电流	150％额定电流,1min;20％额定电流,0.5s								
	额定频率/Hz	50/60								
输入额定	相数、电压、频率	单相,200～230V,50/60Hz								
	电压、频率允许波动范围	电压:+10％～-15％,电压不平衡率<2％ 频率:+5％～-5％								
	瞬时低电压耐量	输入电压在 165V 以上时,变频器能连续运行;由额定电压降低至 165V 以下时, 变频器能继续运行 15ms,可选择平稳恢复模式(自动再启动功能)								
	额定电流/A　有 DCR	0.59	0.94	1.6	3.1	5.7	8.3	14.0	19.7	26.9
	无 DCR	1.1	1.8	3.4	6.4	11.1	16.1	25.5	40.8	52.6
	需要电源容量/kV・A	0.3	0.4	0.6	1.1	2.0	2.9	4.9	6.9	9.4
控制	启动转矩	200％(选择动态转矩矢量控制时)								
制动	制动转矩(标准)	100％		70％		40％		20％		
	制动转矩(使用选件)	150％								
	直流制动	制动开始频率为 0～60Hz,制动时间为 0～30s,制动值为 0～100％额定电流								
防护等级(IEC 60529)		IP20								
冷却方式		自然冷却				风扇冷却				

⑧ 三菱 FR-A500 系列多功能通用变频器的技术指标　FR-A500 系列多功能通用变频器的主要技术指标见表 2-13。

表 2-13　FR-A500 系列多功能通用变频器的主要技术指标

控制特性	控制方式		柔性 PWM 控制/高频载波 PWM 控制、可选 U/f 控制或磁通矢量控制
	输出频率范围		0.2～400Hz
	频率设定 分辨率	模拟输入	0.015Hz/60Hz;端子 2 输入,12 位/0～10V,11 位/0～5V;端子 1 输入,12 位/-10～+10V,11 位/-5～+5V
		数字输入	0.01Hz

续表

控制特性	频率精度		模拟量输入时最大输出频率的 ±0.2%，数字量输入时设定输入频率的 0.01%
	电压/频率特性		可在 0～400Hz 之间任意设定，可选择恒转矩或变转矩曲线
	启动转矩		0.5Hz 时，150%
	转矩提升		手动转矩提升
	加/减速时间设定		0～3600s，可分别设定加速和减速时间，可选择直线形或 S 形加/减速模式
	直流制动		动作频率 0～120Hz，动作时间 0～10s，电压 0～30% 可变
	失速防止动作水平		可设定动作电流 0～200%，可选择是否使用这种功能
运行特性	启动信号		可分别选择正转、反转和启动信号自保持输入(三线输入)
	频率设定信号	模拟量输入	0～5V, 0～10V, 0～±10V, 4～20mA
		数字量输入	使用操作面板或参数单元 3 位 BCD 或 12 位二进制输入(使用 FR-A5AX 选件)
	输入信号	多段速度选择	最多可选择 15 种速度(每种速度可在 0～400Hz 内设定)，运行速度可通过 PU(FR-DU04/FR-PU04)改变
		第 2、第 3 加/减速选择	0～3600s(最多可分别设定 3 种不同的加/减速时间)
		点动运行选择	具有点动运行模式选择端子
		电流输入选择	可选择输入频率设定信号 4～20mA(端子 4)
		输出停止	变频器输出瞬时切断(频率、电压)
		报警复位	解除保护功能动作时的保持状态
	运行功能		上、下限频率设定，频率跳变运行，外部热继电器输入选择，极性可逆选择，瞬时停电再启动运行，工频电源/变频器切换运行，正转/反转限制，转差率补偿，运行模式选择，离线自动调整功能，在线自动调整功能，PID 控制，程序运行，计算机网络运行(RS485)
	输出信号	运行状态	可从变频器正在运行、上限频率、瞬时电源故障、频率检测、第 2 频率检测、第 3 频率检测、正在程序运行、正在 PU 模式下运行、过负荷报警、再生制动预报警、零电流检测、输出电流检测、PID 下限、PID 上限、PID 正/负作用、工频电源/变频器切换、接触器 1/2/3、动作准备、抱闸打开请求、风扇故障和散热片过热预报警中选择 5 个不同的信号通过集电极开路输出
		报警(变频器跳闸)	接点输出/接点转换(AC 230V, 0.3A, AC 30V, 0.3A)，集电极开路/报警代码(4bit)输出
		指示仪表	可从输出频率、电动机电流(正常值或峰值)、输出电压、设定频率、运行速度、电动机转矩、整流桥输出电压(正常值或峰值)、再生制动使用率、电子过电流保护负载率、输入功率、负载仪表、电动机励磁电流中分别选择一个信号。脉冲串输出(1440 脉冲/秒/满量程)和模拟输出(0～10V)
显示	FU(FR-DU04/FR-PU04)	运行状态	可选择输出频率、电动机电流(正常值或峰值)、输出电压、设定频率、运行速度、电动机转矩、过负载、整流桥输出电压(正常值或峰值)、电子过电流保护、负载率、输入功率、输出功率、负载仪表、电动机励磁电流、累计动作时间、实际运行时间、电度表、再生制动使用率和电动机负载率用于在线监视
		报警内容	保护功能动作时显示报警内容可记录 8 次(对于操作面板只能显示 4 次)
	附加显示	运行状态	输入端子信号状态，输出端子信号状态，选件安全状态，端子安排状态
		报警内容	保护功能即将动作前的输出电压、电流、频率、累计动作时间
		对话式引导	借助于帮助菜单显示操作指南，故障分析

续表

保护/报警功能	过电流断路(正在加速、减速、恒速),再生过电压断路,欠电压,瞬时停电,过负载,电子过电流保护,制动晶体管报警,接地过电流,输出短路,主回路组件过热,失速防止,过负载报警,制动电阻过热,散热片过热,风扇故障,参数错误,PU 脱出

⑨ ABB ACS400 型通用变频器的技术指标 ACS400 型通用变频器的主要技术指标见表 2-14。

表 2-14 ACS400 型通用变频器主要技术指标

型　　号	适配电机额定功率 P_N/kW	额定输出电流 I_2/A	最大输出电流 I_{2max}/A	额定输入电流 I_1/A	铜电缆最大截面积 /mm²	外形尺寸 /mm×mm×mm
ACS400 0004	2.2	4.9	7.4	5.8	3×2.5+2.5	330×125×209
ACS400 0005	3.0	6.6	9.9	6.2	3×2.5+2.5	330×125×209
ACS400 0006	4.0	8.8	13.2	8.3	3×2.5+2.5	330×125×209
ACS400 0009	5.5	11.6	17.4	11.1	3×6+6	430×125×221
ACS400 0011	7.5	15.3	23	14.8	3×6+6	430×125×221
ACS400 0016	11	23	34.5	21.5	3×10+10	545×203×247
ACS400 0020	15	30	45	28.8	3×10+10	545×203×247
ACS400 0025	18.5	38	57	35	3×16+16	636×203×288
ACS400 0030	22	44	66	41.2	3×16+16	636×203×288
ACS400 0041	30	59	88.5	55.7	3×25+25	636×203×288
ACS400 0004	3.0	6.6	7.3	6.2	3×2.5+2.5	330×125×209
ACS400 0005	4.0	8.8	9.7	8.3	3×2.5+2.5	330×125×209
ACS400 0006	5.5	11.6	12.8	11.1	3×2.5+2.5	330×125×209
ACS400 0009	7.5	15.3	16.8	14.8	3×6+6	430×125×221
ACS400 0011	11	23	25.3	21.5	3×6+6	430×125×221
ACS400 0016	15	30	33	29	3×10+10	545×203×247
ACS400 0020	18.5	38	42	35	3×10+10	545×203×247
ACS400 0095	22	44	48	41.2	3×16+16	636×203×288
ACS400 0030	30	59	65	55.7	3×16+16	636×203×288
ACS400 0041	37	72	79	68	3×25+25	636×203×288

2.1.3 变频器的操作与设置

(1) 变频器的操作

各类变频器的操作键盘面板大同小异,都具有丰富的功能,诸如键盘面板运行(频率设定、运行/停止命令)、功能代码数据确认和变更以及各种确认功能等。键盘面板上一般有以下操作键和显示器(见图 2-4):

1) 显示器。大致由以下几个部分构成。

① 数据显示屏。由数码管构成,主要功能如下:

a. 在运行状态时，显示各种运行数据，如频率、电压和电流等。

b. 在编程状态时，显示各种功能及其设定的代码或数据。

c. 在发生故障而跳闸后，显示故障原因的代码。

② 单位显示。与数据显示相配合，显示数据的单位，如 Hz、V、A 等，由发光二极管显示。

③ 状态显示。显示变频器所处的状态，如编程状态、正转运行状态、反转运行状态及点动状态等，也由发光二极管显示。

④ 外接显示。由外接的仪表来显示变频器的输出频率、电流及电压等参数。在变频器的接线板中，一般都提供专用于外接频率表（有的也提供外接电流表）的接线端子。

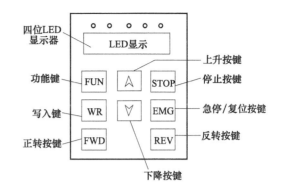

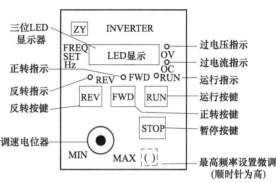

图 2-4　操作键盘面板图

⑤ 图形显示屏。某些变频器中配置此部件，用以比较直观地观察变频器的工作状况。

2）停止按键。用于常规停机或停止状态下 F00 显示方式窗口切换。

3）上升按键。用于搜索功能代码或修改参数（连续按此键具有自动步距识别功能）。

4）下降按键。用于搜索功能代码或修改参数（连续按此键具有自动步距识别功能）。

5）急停/复位按键。按下此键能立即断开电动机电源，发生故障后，按此键复位。

6）功能键。用于功能代码与功能参数的窗口切换，每按一下切换一次。

7）写入键。用于确认（储存）参数或运行中 F00 显示方式切换。

8）正转按键。按此键，电动机正转。

9）反转按键。按此键，电动机反转。

(2) 变频器参数的设置

变频器参数的设置非常重要。变频调速系统是否能满足生产工艺要求的需要，按期望的要求运行，决定于参数的正确设置。变频器参数设置不当会造成启动、制动的失败，误跳闸，严重时会造成变频器内部元件的损坏。变频器的参数值很多，少则五六十个，多则百余个。但变频器大多数参数不需要用户设置，按照出厂时设置值使用即可。需要用户重新设置的参数主要有：基本频率，最高频率，上限频率，下限频率，U/f 线，启动频率，加、减速时间，制动时间（及方式）。此外还包括外部端子操作、模拟量操作等。电动机的基本信息如电压、电流、容量、极数、加减速时间等准确录入，是保证变频器稳定运行的前提。例如，电动机极数设定不准确，则变频器显示转速不准确，将影响操作人员的操作。保护参数设定是电动机发生故障时报警还是跳闸，为变频器的安全运行提供了保障。保护参数设定包括热电子保护、过电流保护、载波保护、过电压保护和失速保护等设定。如果变频器保护定值设定过小，将会造成变频器频繁误动作影响电动机运行。又如加、减速时间设定不当，则会造成变频器在加、减速时发生过电压保护动作。

变频器参数初步设定后，还要根据系统实际运行情况，对不合适的部分参数进行调整。

变频器的参数设定均有一定的选择范围，设定前，应详细阅读产品说明书，掌握变频器的技术性能和设定方法。不同品牌的变频器，其参数设定方法是不同的，即使是同一品牌，其参数设定方法也不尽相同。

① 基本 U/f 线的设置　在变频器的输出频率从 0Hz 上升到基本频率 f_{BA}（一般等于电动机的额定频率 f_e，即 50Hz）的过程中，输出电压从 0V 成正比地上升到最大输出电压（如 380V）的 U/f 线，称为基本 U/f 线，如图 2-5 所示。

不同的负载在低速运行时的阻转矩大小是不一样的，所以对 U/f 的要求也不同。

a. 对于恒转矩负载，不论是高速还是低速，负载转矩都不变，要求电动机在低频运行时也能产生较大的转矩，因此 U/f 应大一些，即在低频时把电压 U 提高些。

b. 对于分段负载，负载有重有轻，阻转矩也有大有小，因此要求 U/f 也有变化。

c. 对于平方转矩负载，低速运行时，负载的阻转矩很小。电动机在低频下运行时所需的转矩很小，因此 U/f 应更小一些，即在低频时，把电压 U 降低些。

正是由于负载不同，要求转矩大小不同，变频器为用户提供了（设置了）许多种（条）U/f 线，如图 2-6 所示。用户可根据负载的具体要求进行预置。

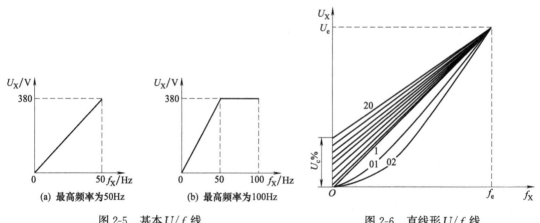

图 2-5　基本 U/f 线　　　　图 2-6　直线形 U/f 线

图 2-6 中，曲线 1 为基本 U/f 线（其电压与频率成正比例变化）。1～20 号线为全频补偿，即从 0Hz 至额定频率 f_e 均得到补偿。由 1 号线至 20 号线，U/f 逐渐增大，电动机的转矩 T 也逐渐加大，低频时带负载能力也逐渐增大。01 号和 02 号曲线为负补偿，是专门为平方转矩负载设置的。

预置 U/f 线时，应根据不同性质的负载选用。原则是：电动机在低频运行时既要满足重载下能产生足够大的电磁转矩来带动负载，又要满足轻载下不会因磁通饱和而过流跳闸。

具体设置时，可先用 U/f 较小的线，然后逐渐加大 U/f 值，并观察电动机在最低频率下能否带动重负载，并观察空载时是否会跳闸，直到在最低频率下运行时既能带动重负载，又不会空载过流跳闸为止。

例如，森兰 BT40 变频器基本 U/f 线的选择功能见表 2-15。

表 2-15　基本 U/f 线的选择功能

功能码	功能内容及设定范围	设　定　值
F05	基本频率	出厂设定值:50.00
	设定范围:10～400Hz	最小设定量:0.01Hz
F06	最大输出电压	出厂设定值:380V
	设定范围:220～380V	最小设定量:1V

② 加速时间的设定　加速时间（或叫升速时间）是指变频器的工作频率从 0Hz 上升到基本频率 f_{BA}（50Hz）所需的时间。各种型号的变频器的加速时间设定范围不尽相同，最短的设定范围为 0～120s，最长的可达 0～6000s。

有的变频器设置了最佳加速功能，选择此功能后，变频器可以在自动加速电流不超过允许值的情况下，得到最短的加速时间。

设定加速时间的原则是：

a. 加速过程需要时间，时间过长会影响工作效率，尤其是比较频繁启停的机械。因此，为提高生产效率，在电动机启动电流不超过允许值的前提下，加速时间越短越好。

b. 对于惯性较大的负载设备，加速时间应适当长一些；对于惯性较小的负载设备，加速时间可以适当缩短一些。这也是从电动机启动电流不超过允许值这点考虑的。

c. 有的生产机械对加速或减速过渡过程有要求，希望尽量减小速度的变化。这时应将加速、减速时间设定得长一些。

根据被控负载设备对加速过程要求的不同，变频器提供了多种加速方式，主要有线性方式、S 形方式和半 S 形方式 3 种（见图 2-7）。所谓加速方式，是指加速过程中变频器的输出频率随时间上升的关系曲线。

在以上 3 种方式中，S 形和半 S 形的具体形状由变频器决定，用户不能更改。但变频器为用户提供了若干种 S 区（非线性区）的大小（如 0.2s、0.5s、1.0s），用户可以任意设定非线性时间 t_S 的大小。

③ 减速时间的设定　减速时间（或叫降速时间）是指变频器的工作频率从基本频率 f_{BA}（50Hz）降低到 0Hz 所需的时间，其设定范围和加速时间的设定范围相同。

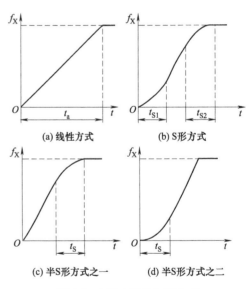

图 2-7　3 种主要的加速方式

设定减速时间的原则类同于设定加速时间。但对于水泵负载，由于管道中水的阻尼作用，停机时电动机转速能很快下降。但如果转速降得太快，会导致管道中出现"空化现象"，造成管道损坏。为此，应设定足够长的减速时间，使转速缓慢降下来，以保护管道。

和加速方式类似，变频器的减速方式也主要有线性方式、S 形方式和半 S 形方式 3 种，如图 2-8 所示。

例如，森兰 BT40 变频器的 F08～F15 功能见表 2-16。

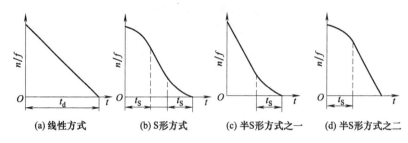

图 2-8　3 种主要的减速方式

表 2-16　加速和减速时间的选择功能

功 能 码	功能内容及设定范围	设 定 值
F08	第 1 加速时间	出厂设定值：10.0
F09	第 1 减速时间	出厂设定值：10.0
F10	第 2 加速时间	出厂设定值：10.0
F11	第 2 减速时间	出厂设定值：10.0
F12	第 3 加速时间	出厂设定值：10.0
F13	第 3 减速时间	出厂设定值：10.0
F14	第 4 加速时间	出厂设定值：10.0
F15	第 4 减速时间	出厂设定值：10.0
F08～F15	设定范围：0.1～3600s	最小设定量：0.1s

④ 瞬停再启动功能的设定　电源电压因某种原因突然下降为 0V，但很快又恢复，停电的时间很短，称之为瞬时停电。另外，当变频器因某些原因而跳闸（误动作）时，变频器的逆变管被迅速封锁，变频器停止输出，电动机处于自由制动状态。

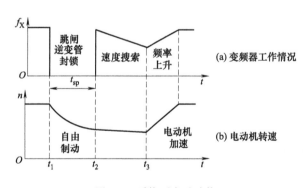

图 2-9　瞬停再启动功能

如果变频器因上述故障而停止工作，将会使生产停止，造成很大的经济损失。为了防止这类事故的发生，变频器设有瞬停再启动功能（重合闸功能）。图 2-9 为其功能示意图。

停电时间 t_{sp}，即为跳闸时间，也就是逆变管封锁时间。用户若按 t_{sp} 预置每两次合闸之间的间隔时间，则当变频器跳闸（误动作）后，经过 t_{sp} 时间，将自动重新合闸（自动投入运行）。

变频器自动投入运行时，其输出频率可以从 0Hz 或启动频率开始上升，也可以进行自动搜索（检测电流大小）。即变频器将输出频率恢复至跳闸前的频率，如电流超过限值，则再降低频率再试，直至电流在正常范围以内后，再将频率（即电动机转速）上升至跳闸前的状态，如图 2-9（b）所示。

例如，森兰 BT40 变频器的瞬时停电再启动功能见表 2-17。可设定的工作方式有 0、1、2 三种。

表 2-17　瞬时停电再启动功能

功能码	功能内容及设定范围	设定值
F18	瞬时停电再启动	出厂设定值:0
	设定范围(工作方式) 0:瞬时停电恢复后再继续运转,欠压保护动作 1:瞬时停电恢复后继续运转,变频器由启动频率往上追踪 2:瞬时停电恢复后继续运转,变频器由停电前的频率(转速)往上追踪	

⑤ 暂停加速功能的设定　暂停加速功能就是在电动机启动后,先在较低频率 f_{DR} 下运行较短时间,然后继续加速的功能。

在下列情况下,需考虑预置暂停加速功能。

a. 对于惯性较大的负载,启动后先在较低频率下持续一个短时间 t_{DR},然后加速。

b. 齿轮箱的齿轮之间由于存在一定的间隙,启动时容易发生齿间的撞击,若在较低频率下持续一个短时间 t_{DR},则可以减缓齿间的撞击。

c. 起重机在起吊重物前,吊钩的钢丝绳通常是处于松弛状态的,预置了暂停加速功能后,可首先使钢丝绳拉紧后再上升。

d. 附有机械制动装置的电磁制动电动机,在磁抱闸松开过程中,为了减小闸皮和闸辊之间的摩擦,要求先在低频下运行,待磁抱闸完全松开后再加速。

e. 有些机械在环境温度较低的情况下,润滑脂容易凝固,需要先在低频下运行一个短时间 t_{DR},使润滑脂稀释后再加速。

设置暂停加速的方式主要有以下两种。

a. 变频器输出频率从 0Hz 开始上升至暂停频率 f_{DR},停留 t_{DR} 后再加速,如图 2-10 (a) 所示。

b. 变频器直接输出启动频率 f_S 后暂停加速,停留 t_{DR} 后再加速,如图 2-10 (b) 所示。

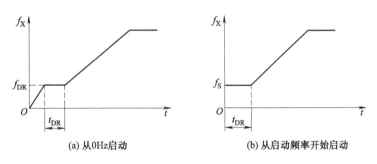

(a) 从0Hz启动　　　　　　(b) 从启动频率开始启动

图 2-10　低频持续时间

⑥ 点动频率的设定　生产机械在调试或工作过程中常常需要点动操作,变频器在点动状态下的工作频率称为点动频率。点动频率用 f_{JO} 表示。因点动运行时电动机的转速比较低,即所需频率较低,一般也不需要调试,所以变频器可以通过预置来确定点动频率,每次点动时,都在该频率下运行,而不必变动已设定好的给定频率。有的变频器可以预置多挡点动频率。

例如,森兰 BT40 变频器的点动频率选择功能见表 2-18。

表 2-18   点动频率选择功能

功能码	功能内容及设定范围	设 定 值
F19	点动运转频率	出厂设定值：5.00
	设定范围：0.00～400.0Hz	最小设定量：0.01Hz
F20	点动加速时间	出厂设定值：0.5
	设定范围：0.1～600s	最小设定量：0.1s

点动运转的加、减速时间由功能码 F20 来决定。在变频器运转过程中时，点动运转命令无效；当点动运转时，其他运转指令也无效。

⑦ 上、下限频率的设定　为了防止现场操作人员误操作引起输出频率过高或过低，造成电动机过热及机械设备损坏，变频器设置有上限频率 f_H 和下限频率 f_L。

上限频率不能超过最高频率，即 $f_H \leqslant f_{max}$。在部分变频器中，上限频率与最高频率并未分开，两者是合二为一的。

上限频率和下限频率是根据生产机械所要求的最高与最低转速（经传动比折算为电动机的转速）决定的。

如上限频率设定为 50Hz，当设定频率大于 50Hz 时，则输出最高频率仍为 50Hz。

如下限频率设定为 10Hz，当设定频率大于 10Hz 时，则以 10Hz 运行频率运行。

例如，森兰 BT40 变频器的上、下限频率选择功能见表 2-19。

表 2-19   上、下限频率选择功能

功能码	功能内容及设定范围	设 定 值
F21	上限频率	出厂设定值：60.00
	设定范围：0.50～400.0Hz	最小设定量：0.01Hz
F22	下限频率	出厂设定值：0.50
	设定范围：0.10～400.0Hz	最小设定量：0.01Hz

⑧ 回避频率的设定　每台机械设备都有其固有振荡频率，当电动机在某一频率下运行时，若其振动频率和机械的固有振荡频率相等或接近，则将发生谐振而引起设备损坏。该频率需加以回避。变频器需回避的这一工作频率称为回避频率，又称跳跃频率。回避频率用 f_J 表示。

回避频率的设置，是禁止变频器在此频率点运行。预置回避频率时，除预置回避频率所在位置外，还必须预置回避区域（或回避宽度）Δf_J。一台变频器通常可预置 3 处回避频率，如图 2-11 所示。

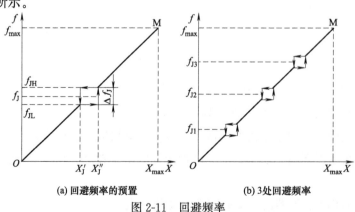

(a) 回避频率的预置　　　　　(b) 3处回避频率

图 2-11   回避频率

例如，森兰 BT40 变频器的回避频率选择功能见表 2-20。

表 2-20 回避频率选择功能

功能码	功能内容及设定范围	设 定 值
F23	回避频率 1	出厂设定值：0.00
F24	回避频率 2	出厂设定值：0.00
F25	回避频率 3	出厂设定值：0.00
F23～F25	设定范围：0.00～400.0Hz	最小设定量：0.01Hz
F26	回避频率宽度	出厂设定值：0.50
	设定范围：0.00～10.00Hz	最小设定量：0.01Hz

⑨ 启动频率的设定　用变频器控制异步电动机调速时，必须设定启动频率。变频器的工作频率为零时，电动机未启动，当工作频率达到启动频率 f_S 时，电动机才开始启动。也就是说，电动机开始启动时（变频器开始有电压输出）的输出频率便是启动频率。这时，启动电流较大，启动转矩也较大。

设定启动频率 f_S 是部分生产机械的实际需要，例如：

a. 在静止状态下静摩擦力较大，如果从 0Hz 开始启动，由于启动电流和启动转矩很小，无法启动，因此需从某频率开始启动才行。

b. 对于多台水泵同时供水的系统，由于管路内存在水压，若频率很低，电动机也旋转不起来。

c. 对于起重用锤形电动机，启动时需保持定子与转子之间有一定的空气隙，电动机才能旋转，如果从 0Hz 开始启动，则定子与转子因磁通不足而碰连摩擦，不能启动。

设定启动频率 f_S 的大小，需根据具体负载情况而定。

例如，森兰 BT40 变频器的 F30、F31 功能见表 2-21。

表 2-21 启动频率及持续时间选择功能

功 能 码	功能内容及设定范围	设 定 值
F30	启动频率	出厂设定值：1.00
	设定范围：0.10～50.00Hz	最小设定量：0.01Hz
F31	启动频率持续时间	出厂设定值：0.5
	设定范围：0.0～20.0s	最小设定量：0.1s

启动频率持续时间是指启动时以启动频率持续运行的时间，这个时间不包含在加速时间内，如图 2-12 所示。

⑩ 直流制动功能的设定

a. 启动前的直流制动功能。由于变频器已预先设置好启动频率，电动机从最低速开始启动。如果在开始启

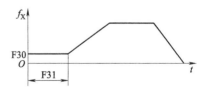

图 2-12　F31 功能示意图

动时，电动机已有一定转速，则变频器将会引起过电流或过电压而跳闸。另外，如鼓风机之类的负载，即使在停机状态，在风的作用下叶片仍会自行反向转动。此时启动电动机，将会产生过电流。

为了避免上述情况，有的变频器设置了启动前的直流制动功能，以确保电动机在完全停车的状态下从零速开始启动。

b. 直流制动及其设定。惯性较大的负载机械，常常会出现停机停不住，即停机后有"蠕动"（或称爬行）现象，有可能对传动设备或生产工艺造成严重后果。为此，变频器设置直流制动功能，以克服这种现象的产生。直流制动时，向电动机定子绕组内通入直流电流，使异步电动机处于能耗制动状态，电动机迅速停机。

直流制动功能主要设定以下 3 个参数：

a. 直流制动起始频率 f_{DB}。在多数情况下，直流制动都是和再生制动配合使用的。首先用再生制动方式将电动机转速降至较低值，然后转换成直流制动，使电动机迅速停止。电动机由再生制动转为直流制动的这个转折频率即为直流制动的起始频率 f_{DB}。

设置 f_{DB} 的大小主要根据负载对制动时间的要求来进行，要求制动时间越短，则起始频率 f_{DB} 应越大。

b. 直流制动量。直流制动量即加在电动机定子绕组上的直流电压 U_{DB} 的大小。U_{DB} 越大，产生的制动转矩也越大，电动机停转得越快。设定时，应由小慢慢设置 U_{DB} 的大小，主要根据负载惯性的大小来设定，负载惯性越大，U_{DB} 的设定值也越大。

c. 直流制动时间 t_{DB}。施加直流电压 U_{DB} 的时间长短称为直流制动时间。

t_{DB} 的大小主要根据负载"蠕动"（爬行）的严重程度来设定。对克服"蠕动"要求较高者，t_{DB} 应适当大些，以便有足够的直流电流来制动。

例如，森兰 BT40 变频器的 F33、F34、F35 功能见表 2-22。

表 2-22　直流制动起始频率、制动量和制动时间的选择功能

功 能 码	功能内容及设定范围	设 定 值
F33	直流制动起始频率	出厂设定值:5.00
	设定范围:0.00~60.00Hz	最小设定量:0.01Hz
F34	直流制动量	出厂设定值:25
	设定范围:0~100%	最小设定量:1%
F35	直流制动时间	出厂设定值:0
	设定范围:0.0~20.0s	最小设定量:0.1s

⑪ 转矩提升功能的设置　低频定子电压补偿功能，通常称为电动机转矩提升功能。在实际的变频调速系统中，经常遇到因转矩提升功能设置不当而造成启动失败的问题。通用变频器一般都具有转矩提升功能，有许多提升模式可供用户选择。多条不同状态下的转矩提升曲线，用以提高低频段转矩提升量。

正确选择转矩提升曲线十分重要，要在实际调试中反复试验比较，使电压提升不可过高（过补偿）或过低（欠补偿），否则都会使电流增大而超值。在设定转矩提升时，应事先分析启动过程特点，利用监视器显示启动电流，边调节边确认。一般在满足启动要求的情况下，提升值越小越好，这样可以减小电动机损耗以及对系统的冲击或避免造成过流跳闸。

例如，森兰 BT40 变频器的转矩提升功能见表 2-23。

表 2-23 转矩提升功能

功能码	功能内容及设定范围	设 定 值
F07	转矩提升	出厂设定值:10
	设定范围:0~50	

F07 设定用于提高低频转矩。0:为自动提升,变频器根据负载情况将输出转矩调到最佳值;1~50:为手动提升,如图 2-13 所示。

图中,F06 为最高输出电压;F03 为启动频率;F05 为基本频率;F04 为最高频率。

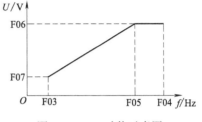

图 2-13 F07 功能示意图

⑫ 电子热保护的设定 变频器内设有检测电动机过载的电子热保护装置。当电动机发生过载时,根据电子热保护装置的不同设定值（代号）,可以做出以下反应:不动作,电子热保护继电器不动作而只作过载预报,或均动作。

保护值可在变频器额定电流的 25%~105% 范围内设定。过载预报输出以此值为准,一旦超过设定值即发出报警信号。

变频器的电子热保护装置与热继电器的相同点是都具有反时限特性。过载越严重,允许运行的时间越短。

两者不同之处在于:变频器的电子热保护动作值的准确度比热继电器高许多;另外,变频器可以针对不同的工作频率,自动调整保护曲线,而热继电器则不能自动调整。

例如,森兰 BT40 变频器的电子热保护选择功能见表 2-24。

表 2-24 电子热保护选择功能

功能码	功能内容及设定范围	设定值
F16	电子热保护继电器	出厂设定值:0
	设定范围:0,均不动作;1,电子热保护继电器不动作,过载预报动作;2,均动作	
F17	电子热保护电平	出厂设定值:100
	设定范围:25%~105%	最小设定量:1%

2.1.4 变频器的外围设备及选择

(1) 变频器的外围设备

变频器需配备外围设备才能工作,外围设备有避雷器 FV、断路器 QF、交流接触器 KM、进线交流电抗器 ACL_1、无线电噪声滤波器 FL-Z、制动单元及制动电阻 R_B、直流电抗器 DCL、输出交流电抗器 ACL_2 和输出滤波器 FL-T 等。外围设备的安装位置如图 2-14 所示。另外,还有电涌吸收器（或抑制器）、频率设定器。

各外围设备的作用如下:

① 避雷器 FV。用于吸收由电源侵入的感应雷击电涌,保护与电源相连的全部机器。

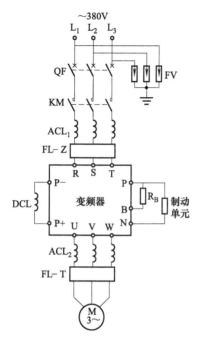

图 2-14　外围设备安装位置

② 断路器 QF。用于通、断电源，快速切断变频器的故障电流，以保护变频器及线路。断路器也是过电流后备保护元件。

③ 交流接触器 KM。用作变频器电源开关，在变频器发生故障时切断主电路。

④ 进线交流电抗器 ACL_1。用于改善功率因数，降低高次谐波及抑制电源浪涌。

⑤ 无线电噪声滤波器 FL-Z。用于减小变频器产生的无线电干扰。

⑥ 制动单元及制动电阻 R_B。在制动力矩不能满足要求时选用，适用于大惯量负载及频繁制动或快速停车的场合。

⑦ 直流电抗器 DCL。用于改善功率因数，抑制电流尖峰。改善后的功率因数可达 $0.94 \sim 0.95$。

⑧ 输出交流电抗器 ACL_2。用于抑制变频器的发射干扰和感应干扰，抑制电动机电压的振动（突变）。

⑨ 输出滤波器 FL-T。用于减小变频器产生的无线电干扰，分为电源端用滤波器和负载端用滤波器。

另外，还有电涌吸收器（如吸收接触器产生的火花等）和电涌抑制器（用于吸收由外部侵入的电涌或干扰，防止操作盘内使用的电子仪器误动作）。

频率设定器是用于频率设定的电位器。

(2) 断路器的选择

断路器在电路里主要起隔离和保护作用。当变频器长时间不用，或需要检修、维护时，可通过断路器切断，使变频器与电源隔离，以确保安全；当变频器的输入侧发生短路、过电流等故障时，断路器自动跳闸，从而起到保护作用。

为了使断路器可靠运行，不致产生误动作，选择时必须考虑以下因素：

① 变频器内部有大容量滤波电容，在接通电源瞬间，其充电电流可高达额定电流的 $2 \sim 3$ 倍。

② 变频器电流谐波分量很大，当基波电流达到额定值时，实际电流有效值要比额定电流大得多。

③ 变频器本身过载能力较强，一般为 $120\% \sim 150\%$ 额定电流、1min。

断路器的额定电流可按下式选择：

$$I_{Qe} = (1.3 \sim 1.4) I_e$$

式中　I_{Qe}——断路器额定电流，A；

　　　I_e——变频器额定电流，A。

(3) 交流接触器的选择

1) 输入侧交流接触器的选择　为了控制方便和发生故障（可能是变频器自身故障，也可能是控制电路故障）时自动切断变频器电源，通常在变频器和断路器之间接有接触器。

由于接触器本身没有保护功能（只有失压保护），不存在误动作问题，因此可按稍大于变频器的额定电流来选择，即：

$$I_{Ke} = (1 \sim 1.1) I_e$$

式中　I_{Ke}——接触器额定电流，A；

　　　I_e——变频器额定电流，A。

2）输出侧交流接触器的选择　变频器本身有控制功能，当用一台变频器控制一台电动机时，可不接接触器。但在下述情况下，变频器和电动机之间需接接触器：

① 工频电源和变频器交替供电的场合，接线如图 2-15 所示。接线时要注意两点：其一是两者供电的相序要一致，以确保电动机转向不变；其二是接触器 KM_2 和 KM_3 要互锁。

② 一台变频器控制多台电动机的场合。

③ 变频器输出侧 U、V、W 端禁止与电网连接，否则会造成电网能量倒灌入变频器内而损坏变频器。

另外，由于变频器输出电压中含有大量谐波分量，其输出侧 U、V、W 端不能接电容，否则会损坏变频器。

(4) 热继电器的选择

① 当用一台变频器控制一台电动机时，可以取消电动机过载保护用的热继电器。这是因为变频器内部有电子热保护装置，它能很好地保护电动机过载，而普通的热继电器在非额定频率下其保护功能不理想。

② 在以下场合仍需保留热继电器：

a. 特殊电动机的过载保护。

b. 一台变频器控制多台电动机的场合。这是由于变频器容量大，其内部的热保护装置不可能对单台电动机进行过载保护。一台变频器控制多台电动机时的热继电器保护接线可参见图 2-16。

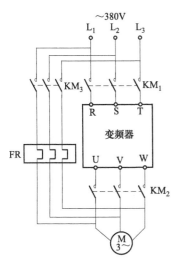

图 2-15　工频电源和变频器
　　　　交替供电的主电路

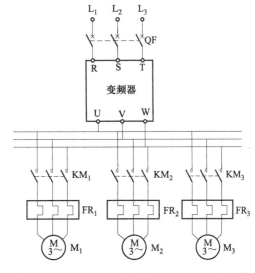

图 2-16　一台变频器控制多台电动机的主电路

c. 工频电源和变频器交替供电时的过载保护。当电动机在工频电源下运行时，需由外加热继电器进行过载保护，其保护热继电器接线参见图 2-15。

③ 当普通热继电器用于变频调速电路时，由于变频器的输出电流中含有大量谐波电流，可能引起热继电器误动作，故一般应将热继电器的动作电流调大 10% 左右。

④ 当变频器与电动机之间的连线过长时，由于高次谐波的作用，热继电器可能误动作。这时需在变频器和电动机之间串接交流电抗器抑制谐波或用电流传感器代替热继电器。

(5) 进线（交流）电抗器的选择

为了保护变频器不受电网浪涌电流冲击的危害，降低变频器系统所产生的谐波总量，提高变频器的功率因数，降低电动机噪声，有必要选择合适的电抗器与变频器配套使用。

进线电抗器的大小可按表 2-25 中数据选取（各厂家变频器对进线电抗器选取值的要求不尽相同）。如果变压器与变频器之间的线路阻抗大于表 2-25 中进线电抗器的数值，则可不必接入进线电抗器。

表 2-25　进线电抗器数据

电源电压及容量	适用电动机功率/kW	变频器容量/kW	选配电抗器			
			额定电流/A	50Hz 时电抗/(Ω/相)	线圈电抗/(Ω/相)	功率/W
电源 380V、容量 500kV·A 以上或大于变频器容量的 10 倍	0.75	0.75	2.5	1.196	6.1	10
	1.5	1.5	3.7	1.159	3.69	11
	2.2	2.2	5.5	0.851	2.71	14
	4	4	9	0.512	1.63	17
	5.5	5.5	13	0.349	1.11	22
	7.5	7.5	18	0.256	0.814	27
	11	11	24	0.1825	0.581	40
	15	15	30	0.1392	0.443	46
	18.5	18.5	39	0.1140	0.363	57
	22	22	45	0.0958	0.305	62
	30	30	100	0.0417	0.0273	38.9
	37	37	100	0.0417	0.0273	55.7
	45	45	135	0.0308	0.00161	50.2
	55	55	135	0.0308	0.00161	70.7
	75	75	160	0.0258	0.00161	65.3
	90	90	250	0.0167	0.00161	65.3
	110	110	250	0.0167	0.000523	42.2
	132	132	270	0.0208	0.000741	60.3
	160	160	561	0.0100	0.000236	119
	200	200	561	0.0100	0.000236	90.4
	220	220	561	0.0100	0.000236	107
	280	280	825	0.00667	0.000144	108

(6) 直流电抗器的选择

如前所述，当电网三相电压不平衡率大于 3% 时，为保护变频器不受过大电流峰值的作用而损坏，还必须在变频器直流侧（变频器整流环节与逆变环节之间的回路上）串一只直流电抗器。在变频器整流电路后接入直流电抗器，可以有效地改善变频器的功率因数，功率因数最高可提高到 0.95。直流电抗器的大小可按表 2-26 中的数据选取（各厂家变频器直流电抗器的选取值不尽相同）。

表 2-26　直流电抗器数据

电源电压/V	适用电动机功率/kW	变频器容量/kW	选配电抗器				
			额定电流/A	电感/mH	电阻/mΩ	过电流速率	损耗/W
380	30	30	80	0.86	9.84	150%，1min	16.2
	37	37	100	0.70	5.60	150%，1min	37.7
	45	45	120	0.58	4.03	150%，1min	42.8
	55	55	140	0.47	3.10	150%，1min	48.4
	75	75	200	0.35	2.38	150%，1min	58.0
	90	90	238	0.29	1.55	150%，1min	68.0
	110	110	291	0.24	1.36	150%，1min	83.0
	132	132	326	0.215	0.941	150%，1min	81.3
	160	160	395	0.177	0.737	150%，1min	92.9
	200	200	494	0.142	0.574	150%，1min	112
	220	220	557	0.126	0.516	150%，1min	118
	280	280	700	0.1	0.347	150%，1min	134

（7）输入和输出滤波器的选择

为了抑制变频器产生的干扰，对于电动机功率在 22kW 及以下的场合，应设置输入和输出滤波器。输入滤波器的输入端接电源，输出端接变频器；输出滤波器的输入端接变频器，输出端接电动机。

各厂家变频器输入、输出滤波器的选取值不尽相同。对于 BNB3000 系列变频器，电源额定电压为 380V，其三相输入滤波器的数据见表 2-27，三相输出滤波器的数据见表 2-28。

表 2-27　输入滤波器数据

型　号	变频器容量/kW	额定电流/A	外形尺寸/mm			安装尺寸/mm	
			长	宽	高	长	宽
RF20-1	1.5	5	200	108	60	168	85
RF20-2	2.2	8	200	108	60	168	85
RF20-3	3	8	200	108	60	168	85
RF20-4	4	8	200	108	60	168	85
RF20-5	5.5	16	200	108	60	168	85
RF20-7	7.5	16	200	108	60	168	85
RF20-11	11	30	258	125	80	220	100
RF20-15	15	30	258	125	80	220	100
RF20-18	18.5	45	258	125	80	220	100
RF20-22	22	45	258	125	80	220	100
RF20-30	30	75	258	125	80	220	100
RF20-37	37	75	258	125	80	220	100
RF20-45	45	100	400	185	112	354	150
RF20-55	55	120	400	185	112	354	150
RF20-75	75	150	400	185	112	354	150
RF20-90	90	200	400	185	112	354	150
RF20-110	110	300	378	220	155	229	194
RF20-132	132	300	378	220	155	229	194
RF20-160	160	420	378	220	155	229	194
RF20-200	200	420	378	220	155	229	194
RF20-250	250	500	444	256	162	290	230
RF20-315	315	600	444	256	162	290	230

表 2-28 输出滤波器数据

型　号	变频器容量/kW	额定电流/A	外形尺寸/mm			安装尺寸/mm	
			长	宽	高	长	宽
RF30-1	1.5	5	152	93	56	125	70
RF30-2	2.2	8	152	93	56	125	70
RF30-3	3	8	152	93	56	125	70
RF30-4	4	8	152	93	56	125	70
RF30-5	5.5	16	152	93	56	125	70
RF30-7	7.5	16	152	93	56	125	70
RF30-11	11	30	200	108	60	168	85
RF30-15	15	30	200	108	60	168	85
RF30-18	18.5	45	200	108	60	168	85
RF30-22	22	45	200	108	60	168	85
RF30-30	30	75	338	175	107	314	140
RF30-37	37	75	338	175	107	314	140
RF30-45	45	100	338	175	107	314	140
RF30-55	55	120	338	175	107	314	140
RF30-75	75	150	400	185	112	354	150
RF30-90	90	200	400	185	112	354	150

(8) 制动单元外接制动电阻的选择

对于提升负载、频繁启停及快速制动的场合，需要配置制动电阻。这样可将电动机在负载下降及制动过程中产生的电能通过调速系统中的制动电阻或制动单元消耗掉（称为能耗制动）。

部分变频器提供的制动电阻的规格见表 2-29。

表 2-29 部分变频器提供的制动电阻的规格

电动机容量/kW	安邦信 AMB-G7		艾默生 TD3000		丹佛斯 VLT500	
	阻值/Ω	容量/kW	阻值/Ω	容量/kW	阻值/Ω	容量/kW
0.75	180×2	0.4×2	—	—	620	0.26
2.2	180	0.4	220	0.66	210	1.35
3.7	180/2	0.4×2	132	1.11	110	2.4
5.5	60	1.0	89	1.65	80	3.0
7.5	60	1.0	65	2.25	56	4.5
11	30	2.0	43	3.3	—	—
15	30	2.0	32	4.5	40	5.0
18.5	30	2.0	26	5.55	30	9.3
22	30/2	2.0×2	22	6.6	25	12.7
30	30/2	2.0×2	16	9.0	20	13.0
37	30/2	2.0×2	13	11.1	15	15.6
45	30/3	2.0×3	10	13.5	12	19.0
55	30/4	2.0×4	9	16.5	7.8	—
75	30/4	2.0×4	6.5	22.5	5.7	—

选用时，还应根据生产机械的具体情况进行调整。

(9) 制动单元外接放电电阻的选择

对于有内装制动单元而需外接制动电阻的变频器，制动电阻需接在端子 P 与 DB 之间，如图 2-17 (a) 所示，而不能接在 P 与 N 之间，否则会造成变频器的逆变器在未运行时三相整流桥就满载工作，使变频器无法正常工作，并有可能将制动电阻烧毁。

如果同时配置制动单元和制动电阻，接线如图 2-17 (b) 所示。

制动电阻配线长度不超过 5m，且用绞线。

制动单元外接放电电阻的选择见表 2-30。

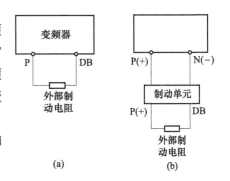

图 2-17　外接制动电阻接线

表 2-30　制动单元放电电阻选择表

电压	变频器				选用件				恒转矩 最大制动转矩/%	连续制动（100%转换算法）		重复制动（周期100s以上）		平方转矩 最大制动转矩/%	连续制动（100%转换算法）		重复制动（周期100s以上）	
	恒转矩		平方转矩		制动单元		制动电阻			制动时间/s	放电能力/kW·s	使用率/%ED	平均损失/kW		制动时间/s	放电能力/kW·s	使用率/%ED	平均损失/kW
	电动机功率/kW	变频器容量/kW	电动机功率/kW	变频器容量/kW	型号	数	型号	数										
200V系列	0.2	0.2			—	—		1	150	90	9	37	0.037					
	0.4	0.4					DB3-008-2	1		45	9	22	0.044					
	0.75	0.75			—			1		45	17	18	0.068					
	1.5	1.5					DB3-037-2	1		45	34	10	0.075					
	2.2	2.2						1		30	33	7	0.077					
	3.7	3.7			—		DB3.7-2	1		20	37	5	0.093					
	5.5	5.5	7.5	7.5	—		DB3-055-2	1		20	55	5	0.138		15	55	3.5	0.138
	7.5	7.5	11	11	—		DB3-075-2	1		10	37	5	0.188		7	37	3.5	0.188
	11	11	15	15		1	DB11-2	1		10	55	5	0.275	100	7	55	3.5	0.275
	15	15	18.5	18.5	BU3-185-2	1	DB15-2	1		10	75	5	0.375		8	75	4	0.375
	18.5	18.5	22	22		1	DB18.5-2	1		10	92	5	0.463		8	92	4	0.463
	22	22	30	30	BU3-220-2	1	DB22-2	1		8	88	5	0.55		6	88	3.5	0.55
	30	30	37	37	BU30-2B	1	DBH030-2A	1		10	150	10	1.5		8	150	8	1.5
	37	37	45	45		1	DBH037-2A	1		10	185	10	1.85		8	185	8	1.85
	45	45	55	55	BU55-2B	1	DBH045-2A	1	100	10	225	10	2.25	75	8	225	8	2.25
	55	55	75	75		1	DBH055-2A	1		10	275	10	2.75		7	275	8	2.75
	75	75	90	90	BU75-2B	1	DBH037-2A	2		10	375	10	3.75		8	375	8	3.75
	90	90	110	110	BU55-2B	2	DBH045-2A	2		10	450	10	4.5		8	450	8	4.5
400V系列	0.4	0.4			—	—	DB3-008-4	1	150	45	9	22	0.044					
	0.75	0.75			—	—		1		45	17	10	0.038					

续表

电压	变频器				选用件				恒转矩	连续制动（100%转换算法）		重复制动（周期100s以上）		平方转矩	连续制动（100%转换算法）		重复制动（周期100s以上）	
	恒转矩		平方转矩		制动单元		制动电阻		最大制动转矩/%	制动时间/s	放电能力/kW·s	使用率/%ED	平均损失/kW	最大制动转矩/%	制动时间/s	放电能力/kW·s	使用率/%ED	平均损失/kW
	电动机功率/kW	变频器容量/kW	电动机功率/kW	变频器容量/kW	型号	数	型号	数										
400V系列	1.5	1.5			—	—	DB3-037-4	1	150	45	34	10	0.075	—	—	—	—	—
	2.2	2.2	—	—	—	—	DB3-037-4	1		30	33	7	0.077	—	—	—	—	—
	3.7	3.7			—	—	DB3.7-4	1		20	37	5	0.093	—	—	—	—	—
	5.5	5.5	7.5	7.5	—	—	DB3-055-4	1		20	55	5	0.138	100	15	55	3.5	0.138
	7.5	7.5	11	11	—	—	DB3-075-4	1		10	38	5	0.188		7	38	3.5	0.188
	11	11	15	15	—	—	DB11-4	1		10	55	5	0.275		7	55	3.5	0.275
	15	15	18.5	18.5	BU3-220-4	1	DB15-4	1		10	75	5	0.375		8	75	4	0.375
	18.5	18.5	22	22			DB18.5-4	1		10	93	5	0.463		8	93	4	0.463
	22	22	30	30			DB22-4	1		8	88	5	0.55		6	88	3	0.55
	30	30	37	37	BU37-4B	1	DBH030-4A	1		10	150	10	1.5		8	150	8	1.5
	37	37	45	45			DBH037-4A	1		10	185	10	1.85		8	185	8	1.85
	45	45	55	55	BU55-4B	1	DBH045-4A	1		10	225	10	2.25		8	225	8	2.25
	55	55	75	75			DBH055-4A	1		10	275	10	2.75		7	275	7	2.75
	75	75	90	90	BU110-4B	1	DBH037-4A	2	100	10	375	10	3.75	—	8	375	8	3.75
	90	90	110	110			DBH045-4A	2		10	450	10	4.5		8	450	8	4.5
	110	110	132	132			DBH055-4A	2		10	450	10	4.5		8	550	8	4.5
	132	132	160	160	BU132-4B	2	—			—	—	—	—		—	—	—	—
	160	160	200	200	BU110-4B	2	—			—	—	—	—		—	—	—	—
	200	200	220	220			—			—	—	—	—		—	—	—	—
	220	220	280	280			—			—	—	—	—		—	—	—	—

2.1.5　变频器与电动机连线及控制回路接线要求

(1) 变频器与电动机连线的长度和截面积

变频器与电动机的安装距离可分为 3 种情况：远距离（100m 以上）、中距离（20～100m）和近距离（20m 以内）。

变频器输出电压波形中含有大量的谐波成分，谐波会使电动机过热、产生振动和噪声，同时谐波还会造成无线电干扰，引起其他电子设备误动作。变频器与电动机的连线越长，则坏影响越严重。另外，连线过长有可能引起电动机振动。电缆寄生电容过大，容易导致变频器的功率开关器件在开断瞬间产生过大的尖峰电流，可能损坏功率逆变模块。在特殊条件下，如果连线较长，可以在变频器输出侧加装电抗器予以补偿，用于解决连线过长而引起的尖峰电流过大的问题。

电线选用见表 2-31 和表 2-32。

表 2-31　电线选用示例（敷设距离 30m）

通用电动机四极/kW	适用变频器 JP6C-T 系列			变频器输出电压		标准适用电线		30m 的线间电压降		
	电压/V	容量/kW	电流/A	60Hz/V	6Hz/V	截面积/mm²	电阻(20℃)/(Ω/km)	电压降/V	60Hz	6Hz
0.4		0.4	3	220	40	2	9.24	1.44	0.65%	3.6%
0.75		0.75	5	220	40	2	9.24	2.40	1.09%	6.0%
1.5		1.5	8	220	40	2	9.24	3.84	1.75%	9.6%
2.2	220	2.2	11	220	40	3.5	5.20	2.97	1.35%	7.4%
3.7		3.7	17	220	40	3.5	5.20	4.60	2.09%	11.5%
5.5		5.5	24	220	40	5.5	3.33	4.15	1.89%	10.4%
7.5		7.5	33	220	40	8	2.31	3.96	1.80%	9.9%
11		11	46	220	40	14	1.30	3.10	1.41%	7.8%
15		15	61	220	40	22	0.824	2.61	1.19%	6.5%
22		22	90	220	40	30	0.624	2.91	1.32%	7.3%
30		30	115	220	40	50	0.378	2.26	1.03%	5.7%
37		37	145	220	40	80	0.229	1.73	0.78%	4.3%
45	400/440	45	175	220	40	100	0.180	1.64	0.75%	4.1%
55		55	215	220	40	125	0.144	1.61	0.73%	4.0%
75		75	144	440	45	80	0.229	1.71	0.39%	3.9%
110		110	217	440	45	125	0.144	1.62	0.37%	3.7%
150		150	283	440	45	150	0.124	1.82	0.42%	4.2%
220		220	433	440	45	250	0.075	1.69	0.38%	3.8%

表 2-32　不同变频器对电动机距离的规定

变频器型号	相关条件	规定距离/m
森兰 SB40	$f_C \leqslant 3kHz$	≤100
	$f_C \leqslant 7kHz$	<100
	$f_C \leqslant 9kHz$	<100
康沃 CVF-G2		≤30
英威腾 INVT-G9	$f_C \leqslant 5kHz$	≤100
	$f_C \leqslant 10kHz$	<100
	$f_C \leqslant 15kHz$	<100
惠丰 HF-G		≤200
艾默生 TD3000		≤100
富士 G11S	$P_N \leqslant 3.7kW$	<50
	$P_N > 3.7kW$	<100
日立 SJ300		≤20
三菱 FR-540	$P_N \leqslant 0.4W$	≤300
	$P_N \geqslant 0.75W$	≤500

变频器型号		相关条件	规定距离/m
安川 CIMR-G7		$f_C \leqslant 5\text{kHz}$	$\leqslant 100$
		$f_C \leqslant 10\text{kHz}$	< 100
		$f_C \leqslant 15\text{kHz}$	< 50
ABB ACS800	直接转矩控制	$R_2 \sim R_3$ 外壳	$\leqslant 100$
		$R_4 \sim R_6$ 外壳	$\leqslant 300$
	标量控制	R_2 外壳	$\leqslant 150$
		$R_3 \sim R_6$ 外壳	$\leqslant 300$
瓦萨 CX		$P_N \leqslant 1.1\text{W}$	$\leqslant 50$
		$P_N = 1.5\text{W}$	$\leqslant 100$
		$P_N \geqslant 2.2\text{W}$	$\leqslant 200$

注：表中数据都来自于各变频器说明书。

在使用手册中，变频器生产厂家一般都规定了配用电缆的建议长度和截面积。例如，DanfossV-LT5000 系列变频器规定可使用长度为 300m 的无屏蔽电缆或长度为 150m 的屏蔽电缆；VACON 系列变频器则规定 $0.75 \sim 1.1$CXS 等级所接电缆的最大长度为 50m，1.5CXS 等级所接电缆的最大长度为 100m，其余功率等级的最大长度均为 200m。

应该特别注意的是，电动机电线的截面积不能选得太大，否则电线的电容和漏电流都会因之增加。在一般情况下，电缆截面积每增大一个等级，将使变频器的输出电流相应降低 5%。

(2) 变频器控制回路接线要求

变频器控制回路为弱电回路，容易受干扰侵入，选择电线时主要考虑防干扰。一般可选择聚氯乙烯绝缘铜芯线（绞线）或屏蔽线，其截面积为 $1 \sim 2.5\text{mm}^2$；若敷设距离很短，也可用 0.75mm^2 的电线。常用屏蔽绞合绝缘电缆的截面积有 1.25mm^2 和 2mm^2 两种。

对变频器控制回路的接线有以下要求：

① 变频器控制线与主回路电缆或其他电力电缆应分开敷设，且尽量远离主电路 100mm 以上；尽量不与主电路电缆平行敷设，不与主电路交叉。当必须交叉时，应采取垂直交叉敷设。

② 连接电缆须屏蔽。变频器电缆的屏蔽可利用已接地的金属管或带屏蔽的电缆。屏蔽层一端接变频器控制电路的公共端（COM），但不要接到变频器地端（E），屏蔽层另一端悬空。

③ 变频器开关量控制线允许不使用屏蔽线，但同一信号的两根线必须互相绞在一起，绞合线的绞合距离应尽可能小。信号线电缆最长不得超过 50m。若采用屏蔽线，则应将屏蔽层接到变频器的接地端（E）上。

④ 弱电压电流回路的电线取一点接地，接地线不作为传递信号的电路使用；电线的接地在变频器侧进行，使用专设的接地端子，不与其他接地端子共用。

2.1.6 变频电动机的选用

(1) 选用变频电动机的条件

在电动机的变频调速改造时，为了节约投资，异步电动机应尽量利用原有的。但在下列情况之一时，一定要选用专用的变频电动机。

① 工作频率>50Hz 甚至高达 200～400Hz，一般电动机的机械强度和轴承无法胜任。

② 工作频率<10Hz，负载较大且要长期持续工作，普通电动机靠机内的风叶无法满足散热要求，电动机会严重过热，容易损坏电动机。

③ 调速比 $D \geqslant 10$ 且频繁变化工作条件（$D = n_{max}/n_{min}$）。

④ 调速比 D 较大，工作周期短，转动惯量 GD^2 也大，正反转交替运行且要求实现能量回馈制动的工作方式。

⑤ 因传动需要，用变频电动机更合适的情况下。

(2) 变频电动机的特点

变频电动机的主要特点如下。

① 散热风扇由一个独立的恒速电动机带动，风量为恒定，与变频电动机的转速无关。

② 设计机械强度能确保最高速使用时安全可靠。

③ 磁路设计既能适合最高使用频率的要求，也能适合最低使用频率。

④ 设计绝缘结构比普通电动机更能经受高温和较高冲击电压。

⑤ 高速运行时，产生的噪声、振动、损耗等都不高于同规格的普通电动机。

变频电动机的价格要比普通电动机高 1.5～2 倍。

(3) 普通异步电动机改装成变频电动机的方法

当电动机采用变频调速时，其运行频率一般为 10～60Hz。此时若采用普通电动机，则在长期低速（低频）运行中会严重发热，缩短电动机的寿命。因此，变频调速的电动机通常采用变频专用电动机。但有时为了降低成本，充分利用原有设备，或者当购不到合适的变频专用电动机时，则可将普通 Y 系列电动机改装成变频电动机。

改装的方法是：在普通电动机上加装一台强风冷电动机，以加强冷却效果，降低电动机在低速运行时的温升。强风冷电动机与被改装电动机同轴，风叶仍为原电动机的冷却风叶。强风冷电动机的功率和极数按以下要求选择。

① 对于二极和四极的被改装电动机，取被改装电动机功率的 3%，极数和被改装电动机的极数相同。

② 对于六极及以上的被改装电动机，取被改装电动机功率的 5%，极数选择四极。

2.1.7 变频调速试运行

(1) 变频器通电和预置

对于新使用的变频调速系统，变频器输出端可先不接电动机，先对其进行通电检查和各种功能参数设置。操作步骤如下：

① 接通交流电源，变频器内冷却风机运行正常，显示器闪烁显示 00.00Hz。

② 进行"启动"和"停止""正转""反转"等基本操作，并观察显示器的变化情况。

③ 进行功能预置。按产品使用说明书上介绍的"功能预置方法和步骤"进行所需功能码的设置（如频率给定、最大频率、基本频率、最高输出电压、加/减速时间、点动频率、多段频率设定、转矩提升、保护设定等）。预置完毕后，检查变频器的执行情况，看是否与

预置的相吻合。

④ 关机。先暂停,后关总电源。

⑤ 将外接输入控制线接好,再开机,逐项检查各外接控制功能的执行情况。电压外控时,应将面板调速电位器顺时针旋到底;电流外控时,应将面板调速电位器逆时针旋到底。

(2) 带电动机空载试验

在变频器的输出端(U、V、W)接上电动机,但电动机与负载脱开,然后进行带电动机空载试验。试验目的是:

① 检查电动机转向(或正反向)是否正确。

② 检查电动机运行是否平稳,有无异常声响和振动。

③ 检查电动机启动、停止、点动、加/减速等是否平稳。

④ 观察变频器运行是否有异常情况,尤其是风机运行及发热情况。

变频器空载试验步骤如下:

① 合上交流电源,先将频率设置为 0Hz,然后慢慢增大工作频率,观察电动机的启动情况以及旋转方向是否正确。如反向,将电源进线(R、S、T)中任意两个线头对调即可。

② 将频率升到额定频率(如要求为 40Hz),让电动机运行一段时间,观察电动机和变频器运行是否正常。如果一切正常,再选若干个常用的工作频率,分别运行一段时间。

③ 在运行中按下停止按钮,初步观察电动机制动是否正常。若不正常,应检查制动回路接线和元件,以及变频器制动设置是否正确。

④ 进行加/减速试验,初步检查加/减速设定时间是否适当。若不适当,应重新设置。

(3) 带电动机负载试验

电动机带负载试验的目的是要检验各设置参数是否合理,电动机传动系统运行是否正常。若发现有异常情况,应查明原因,采取相应措施,修改设置值和设置内容。另外,需检验在极端运行状态下工作是否正常,保护是否可靠。具体试验如下:

① 将工作频率从 0Hz 开始慢慢增加,观察传动系统能否启动运转。如果启动困难,可加大启动转矩。

② 将频率升到额定频率及若干个常用的工作频率,分别观察传动系统的运行情况。

③ 如果电动机的转速达不到相应频率下的预设转速,则应检查系统是否发生共振(可通过观察振动和电动机异常声响来判断)。如果没有共振现象,应检查电动机的输出转矩是否不足。为此,可增加转矩提升量试试。若仍不行,应考虑变频器选择是否正确。

④ 在启、停过程中,如果变频器出现过电流跳闸,应检查变频器电子保护设定值是否正确,如果正确,则应重新设定加、减速时间。如果系统在某一速度段启动或停止电流偏大,可通过改变加速方式或减速方式(有线性、S 形、半 S 形)来解决。

⑤ 观察停机后输出频率为 0Hz 时,传动系统有无"蠕动"(爬行)现象。若有而生产工艺又不允许,则应加入直流制动。

⑥ 检查最高工作频率 f_{max} 和最低工作频率 f_{min} 下,电动机的带负载能力和发热情况。

a. 如果 $f_{max} > f_e$(如 50Hz),则应在 f_{max} 频率下做满载运行试验,此时应能正常驱动。并检查普通电动机轴承能否胜任工作,振动、噪声是否过大。如果普通电动机不能胜任在最高频率下工作,则应更换成变频电动机。

b. 在 f_{min} 频率下做满载运行试验，检查普通电动机发热情况。由于在低频下普通电动机因风扇转速低会发热，如果要求在最低频率下运行很长时间，电动机发热严重，则应更换成变频电动机。

⑦ 过载试验。在额定工作频率下，增加电动机负载，观察电动机定子电流。当定子电流大于设定值（一般按电动机额定电流的 1～1.05 倍设定）时，过电流保护应动作；否则，应检查电流表指示是否正常，电子热保护设定值是否正确。

2.2　变频器调速控制线路

2.2.1　ACS800 系列变频器转速控制外部接线

有的变频器厂家为了便于用户应用，设置了若干种基本的变频器应用示例，并对部分功能进行了设定。用户在使用时，可根据实际情况选择一种性能比较吻合的应用示例，如有必要，可在变频器出厂设定的基础上进行修改。

ACS800 系列变频器是 ABB 公司生产的产品。该产品提供的应用示例有以下几种：转速控制示例、手动/自动控制示例、PID 控制示例、转矩控制示例、程序控制示例。

其中，转速控制示例外部接线如图 2-18 所示。

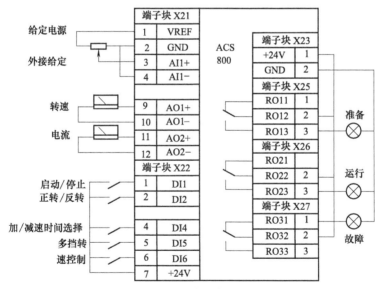

图 2-18　转速控制示例外部接线

(1) 应用范围
一般的需要控制转速的场所。如：
① 各种恒转矩负载，如带式输送机等。
② 在非额定转速下连续运行的负载。
③ 水泵和风机。
④ 需要进行外接控制的场合。

(2) 频率给定

由 AI1 端的输入电压信号给定。

(3) 外接开关量控制

① 启动和停止。由输入端 DI1 控制：

DI1＝1(闭合)→启动；

DI1＝0(断开)→停止。

② 正转和反转。由输入端 DI2 控制：

DI2＝1(闭合)→正转；

DI2＝0(断开)→反转。

③ 加/减速时间选择。由输入端 DI4 控制：

DI4＝0(断开)→第1挡加/减速时间；

DI4＝1(闭合)→第2挡加/减速时间。

④ 多挡转速控制。由输入端 DI5、DI6 控制 3 挡转速：

DI5＝0，DI6＝0→转速由 AI1 端输入的频率给定信号控制；

DI5＝1，DI6＝0→第 1 挡转速；

DI5＝0，DI6＝1→第 2 挡转速；

DI5＝1，DI6＝1→第 3 挡转速。

2.2.2 ACS800 系列变频器的手动/自动控制外部接线

ACS800 系列变频器手动/自动控制外部接线如图 2-19 所示。

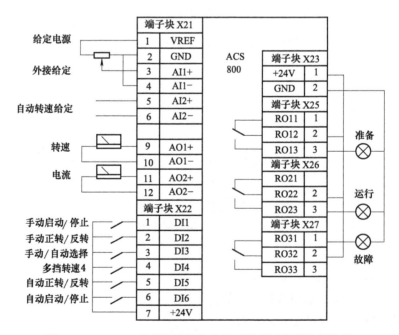

图 2-19 ACS800 系列变频器手动/自动控制示例的外部接线

(1) 应用场所

用于有时需要通过 PLC 或其他设备进行自动控制，有时需要进行人工手动控制的场所。可以从两个不同的地点进行控制。

(2) 频率给定

由 AI1 端输入电压信号给定。

(3) 外接开关量控制

① 手动控制。相关的控制信号接至 DI1 和 DI2 端。

② 控制方式选择。由输入端 DI3 控制：DI3＝0→手动控制有效。

这时，启动/停止由 DI1 控制，正转/反转由 DI2 控制。

③ 自动控制。DI3＝1→自动控制有效。这时，有关的控制信号接至 DI5 和 DI6 端。启动/停止由 DI6 进行控制；正转/反转由 DI5 进行控制。

2.2.3 ACS800 系列变频器 PID 控制外部接线

ACS800 系列变频器 PID 控制外部接线如图 2-20 所示。

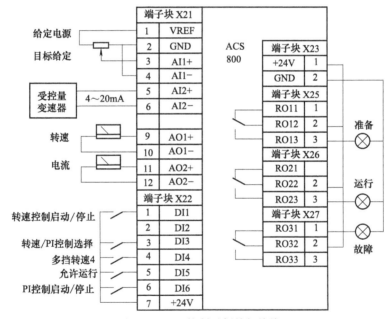

图 2-20 PID 控制示例外部接线

(1) 应用场所

用于各种闭环的过程控制场所。如：

① 恒压供水系统。

② 蓄水池的自动液位控制。

③ 小区供热系统中加压泵的控制。

④ 各种需要调速的原料传输系统。

过程控制方式和转速控制方式之间可以切换。

（2）目标值给定与反馈信号

① 目标值由 AI1 端输入电压信号给定。

② 被控量的反馈信号由 AI2 端输入，通常是电流信号。

（3）外接开关量控制

① 控制方式的选择。通过 DI3 进行选择：DI3＝0→选择直接转速控制方式，其启动和停止由 DI1 端控制；DI3＝1→选择 PI 控制方式，其启动和停止由 DI6 端控制。

② 允许运行控制。由 DI5 端控制：DI5＝0→不允许运行；DI5＝1→允许运行。

2.2.4 ACS800 系列变频器转矩控制外部接线

ACS800 系列变频器转矩控制外部接线如图 2-21 所示。

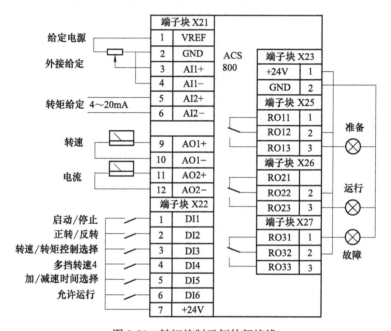

图 2-21 转矩控制示例外部接线

（1）应用场所

① 要求平稳启动的场所，如电梯、电力机车等。

② 负载变化较大，并且允许负载较重时自动降低转速的场所，如搅拌机等。

③ 要求被加工物的张力保持恒定的场所，如卷绕机械和多单元传动中的从动单元等。
转矩控制方式和转速控制方式之间可以切换。

（2）转矩与转速的给定

① 转矩给定。由 AI2 端输入电流信号给定。

② 转速给定。由 AI1 端输入电压信号给定。

（3）外接开关量控制

① 转矩控制与转速控制的切换。由 DI3 输入端控制：DI3＝0→转速控制；DI3＝1→转矩控制。

② 加/减速时间选择。由输入端 DI5 控制：DI5＝0→第 1 挡加/减速时间；DI5＝1→第 2 挡加/减速时间。

③ 允许运行控制。由 DI6 端进行控制：DI6＝0→不允许运行；DI6＝1→允许运行。

2.2.5 ACS800 系列变频器的程序控制外部接线

ACS800 系列变频器的程序控制外部接线如图 2-22 所示。

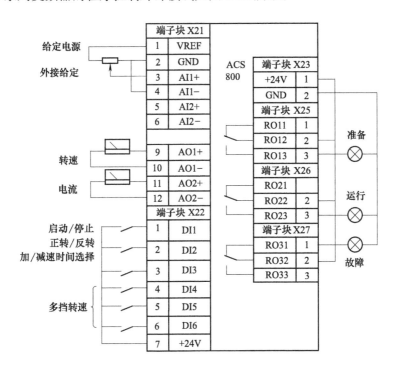

图 2-22 程序控制示例外部接线

(1) 应用场所

在不同的工艺过程中需要不同转速的程序控制。

(2) 转速给定

由输入端 DI4、DI5、DI6 的状态决定：

DI4＝0，DI5＝0，DI6＝0→转速由 AI1 端输入的频率给定信号控制；

DI4＝1，DI5＝0，DI6＝0→第 1 挡转速；

DI4＝0，DI5＝1，DI6＝0→第 2 挡转速；

DI4＝1，DI5＝1，DI6＝0→第 3 挡转速；

DI4＝0，DI5＝0，DI6＝1→第 4 挡转速；

DI4＝1，DI5＝0，DI6＝1→第 5 挡转速；

DI4＝0，DI5＝1，DI6＝1→第 6 挡转速；

DI4＝1，DI5＝1，DI6＝1→第 7 挡转速。

(3) 加/减速时间控制

由输入端 DI3 控制：

DI3＝0→第 1 挡加/减速时间；

DI3＝1→第 2 挡加/减速时间。

2.2.6　电动机正转运行变频调速线路

电动机正转运行变频调速线路如图 2-23 所示。图中，FR 为正转运行、停止指令端子，COM 为接点输入公用端；30B、30C 为总报警输出继电器常闭触点，当变频器出现过电压、欠电压、短路、过热、过载等故障时，此触点断开，控制电路失电，启动保护作用。

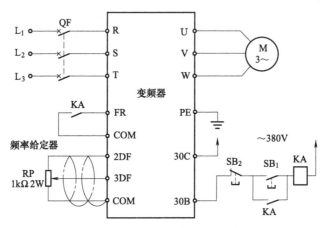

图 2-23　电动机正转运行线路

调节频率给定电位器 RP，设定电动机运行转速。

工作原理：按下运行按钮 SB_1，继电器 KA 得电吸合并自锁，其常开触点闭合，FR-COM 连接，电动机按照预先设定的转速运行；停止时，按下停止按钮 SB_2，KA 失电，FR-COM 断开，电动机停止。

2.2.7　电动机寸动运行变频调速线路

电动机寸动运行变频调速线路如图 2-24 所示。图中，FR 为正转运行、停止指令端子；30B、30C 端子的功能同图 2-23。

工作原理：调节电位器 RP_1，设定电动机正常运行转速；调节电位器 RP_2，设定电动机寸动运行转速。

正常运行时，按下按钮 SB_1，继电器 KA_1 吸合并自锁，其连接 3DF 端子与 RP_1 的常开触点闭合，由电位器 RP_1 输入信号；另一连接 FR 端子与 COM 端子的常开触点闭合，FR-COM 接通，电动机按额定速度运行。停止时，按下按钮 SB_2 即可。

寸动运行时，按下按钮 SB_3，继电器 KA_2 吸合，其连接 3DF 端子与 RF_2 的常开触点闭合，由 RP_2 输入信号；另一连接 FR 端子与 COM 端子的常开触点闭合，FR-COM 接通，

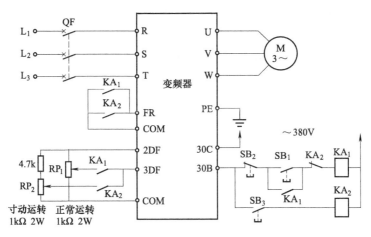

图 2-24　电动机寸动运行线路

电动机按寸动转速运行。松开 SB$_3$，电动机停止。

2.2.8　无反转功能的变频器控制电动机正反转运行线路

　　无反转功能的变频器控制电动机正反转运行线路如图 2-25 所示。图中，FR 为正转运行、停止指令端子；30B、30C 端子的功能同图 2-23。

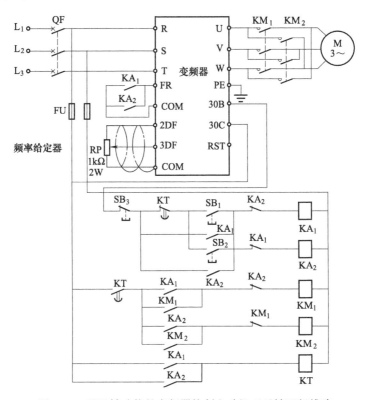

图 2-25　无反转功能的变频器控制电动机正反转运行线路

　　工作原理：调节电位器 RP，设定电动机运行转速（正、反转速度相同）。

正转时，按下按钮 SB_1，继电器 KA_1 得电吸合并自锁，其两对常开触点闭合。其中，一对使 FR-COM 接通，另一对使时间继电器 KT 得电吸合。KT 的延时闭合常闭触点瞬时断开，延时断开常开触点闭合。KA_1 的另一对常开触点闭合，接触器 KM_1 得电吸合并自锁，KM_1 的主触点闭合，电动机正转运行。

欲反转，应先断开断路器 QF，使电动机停止，然后按下按钮 SB_2。如果这时时间继电器 KT 的延时闭合常闭触点已闭合（正转至反转或反转至正转，均需一段延时方可实现，若不经延时，电动机将受到很大的电流冲击和转矩冲击），则反转继电器 KA_2 吸合并自锁，接触器 KM_2 吸合，电动机反转运行。

在该线路中，继电器 KA_1 和 KA_2 相互联锁，接触器 KM_1 和 KM_2 相互联锁，以确保安全。

时间继电器 KT 的整定时间应大于电动机的停止时间或变频器的减速时间。

2.2.9　有正反转功能的变频器控制电动机正反转运行线路

有正反转功能的变频器控制电动机正反转运行线路如图 2-26 所示。图中，FR 为正转运行、停止指令端子，RR 为反转运行、停止指令端子。

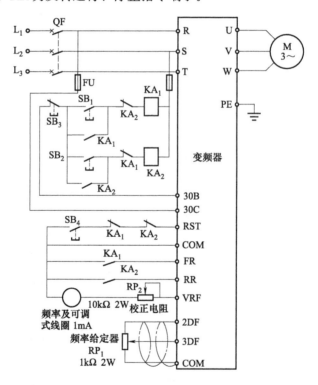

图 2-26　有正反转功能的变频器控制电动机正反转运行线路

工作原理：正转时，按下按钮 SB_1，继电器 KA_1 得电吸合并自锁，其常开触点闭合，FR-COM 连接，电动机正转运行。停止时，按下按钮 SB_3，KA_1 失电释放，电动机停止转动。

反转时，按下按钮 SB$_2$，继电器 KA$_2$ 得电吸合并自锁，RR-COM 连接，电动机反转运行。

继电器 KA$_1$ 和 KA$_2$ 相互联锁。

事故停机或正常停机时，复位端子 RST 与 COM 断开，发出报警信号。按下按钮 SB$_4$，报警解除。

2.2.10　森兰 BT40 型变频器步进运行及点动运行线路

森兰 BT40 型变频器步进运行及点动运行线路如图 2-27 所示。图中，REV 为反转运行、停止指令端子；FWD 为正转运行、停止指令端子；JOG 为点动端子；CM 为接点输入公用端；X4、X5 为加/减速时间选择端子。

工作原理：合上 K$_2$，FWD-CM 连接，电动机正转运行；断开 K$_2$，电动机停止。合上 K$_1$，REV-CM 连接，电动机反转运行；断开 K$_1$，电动机停止。当 K$_1$、K$_2$ 同时闭合时，无效。

当变频器处于停止状态时，按下按钮 SB，再合上 K$_2$（或 K$_1$），则电动机点动正转（或反转）运行。

通过开关 S$_1$、S$_2$ 接通和断开的不同组合，即通过 X4-CM、X5-CM 之间的接通/断开的组合，能选择最多 4 种加/减速选择时间。详见表 2-33。

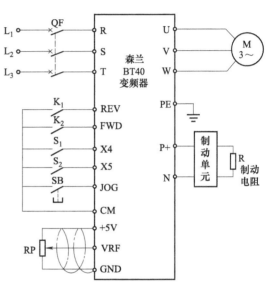

图 2-27　森兰 BT40 型变频器
步进运行及点动运行线路

表 2-33　加速时间的选择

项　　目	加速 1/减速 1	加速 2/减速 2	加速 3/减速 3	加速 4/减速 4
X4-CM	—	●	—	●
X5-CM	—	—	●	●

注：●表示接通，—表示断开。

2.2.11　森兰 BT40 型变频器工频/变频切换线路

在某些生产过程中是不允许停机的。在变频运行中，一旦变频器因故障而跳闸，则必须切换到工频下运行。另外，有些场所需要工频运行和变频运行相互切换。

(1) 工频/变频切换线路需注意的问题

① 因为在工频下运行变频器不可能对电动机进行过载保护，所以，线路中必须接入热继电器 FR，用于在工频下运行的过载保护。

② 当将在工频电网运行中的电动机切换到变频器侧运行时，电动机必须完全停止后，再切换到变频器侧重新启动。否则，会产生很大的冲击电流和冲击转矩，造成设备损坏或跳闸停电。对于不允许完全停止的设备，从工频电网运行切换到变频器侧运行，必须选择备有相应选用件的变频器，使电动机未停止就切换到变频器侧。即先使电动机脱离电网，当变频器与自由运转的电动机同步时，再输出电压。

③ 工频/变频切换的同时，应有声光报警。简单的电动机工频/变频切换线路如图 2-28 所示。图中，SA 为工频/变频切换开关；SB$_1$ 为启动按钮；SB$_2$ 为停止按钮。各端子的功能见表 2-7。

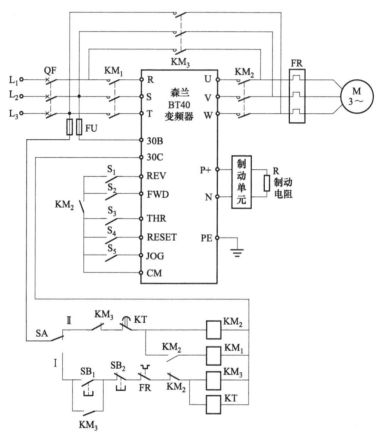

图 2-28　电动机工频/变频切换线路

图中未画出模拟电压输入（频率给定）、模拟电流输入等电路。

(2) 工作原理

当需要网电直接给电动机供电时，将转换开关 SA 置于"Ⅰ"的位置，按下按钮 SB$_1$，接触器 KM$_3$ 得电吸合并自锁，而这时接触器 KM$_1$ 和 KM$_2$ 均失电释放，电动机接通网电启动运行；停止时，按下按钮 SB$_2$，KM$_3$ 失电释放，电动机停止运行。

当电动机由网电供电运行切换为由变频器控制调速运行时，将 SA 置于"Ⅱ"的位置。由于时间继电器 KT 的延时闭合常闭触点在网电供电时是断开的，所以，当 SA 置于"Ⅱ"的位置时，KT 的触点需延迟一段时间才闭合。这时 KM$_1$、KM$_2$ 能吸合，变频器才投入工作，以确保安全。

线路中，KM_2、KM_3 的常闭辅助触点互相联锁，以确保电动机工频/变频切换过程的安全。

如果用变频器内部的故障继电器触点代替转换开关 SA，则改接后的线路能实现变频器故障跳闸后自动将电动机切换到工频下运行。

2.2.12 东芝 VF-A7 系列变频器工频/变频切换线路

(1) 线路结构

线路如图 2-29 所示。图中，R_0、S_0 为变频器控制电源端子；F 为正转运行、停止指令端子；S_3 为工频/变频切换端子；OUT_1 和 OUT_2 为切换执行端子；FLA 和 FLB 为故障信号输出端子；RES 为复位端子；CC 为接点输入公用端。

当 S_3 处于"ON"状态（KA_3 触点闭合）时，为工频运行；当 S_3 处于"OFF"状态（KA_3 触点断开）时，为变频运行。当 OUT_1 处于"ON"状态时，输出切换至变频下运行的信号；当 OUT_2 处于"ON"状态时，输出切换至工频下运行的信号。

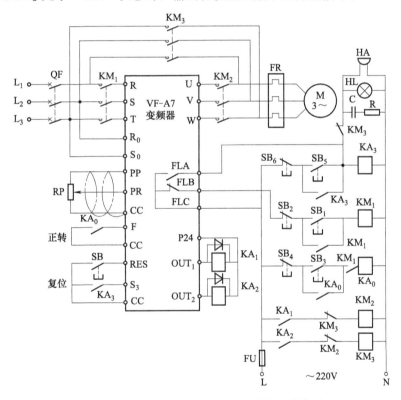

图 2-29 VF-A7 系列变频器工频/变频切换线路

(2) 工作原理

① 系统接通电源。合上断路器 QF，由于继电器 KA_3 未吸合，S_3 处于"OFF"状态。变频器的 OUT_1 端子处于"ON"状态，继电器 KA_1 得电吸合，其常开触点闭合，接触器 KM_2 得电吸合，其主触点将电动机接至变频器的输出端。

② 变频器运行。按下按钮 SB_1，接触器 KM_1 得电吸合并自锁，变频器接通电源。按下按钮 SB_3，继电器 KA_0 得电吸合并自锁，其常开触点闭合，端子 F、CC 接通，电动机启动

运行。变频器的输出频率上升到给定频率 f_G。

③ 由变频运行切换至工频运行。按下按钮 SB_5，继电器 KA_3 得电吸合并自锁，其常开触点闭合，端子 S_3、CC 接通，输入切换信号。这时，变频器首先将输出频率上升至基本频率（等于工频频率）f_{BA}，并保持时间 t_1，使输出端子 OUT_1 由 "ON" 状态转为 "OFF" 状态，继电器 KA_1 和接触器 KM_2 相继失电释放，电动机脱离变频器。又经过时间 t_2，端子 OUT_2 由 "OFF" 状态转为 "ON" 状态，继电器 KA_2 得电吸合，其常开触点闭合，接触器 KM_3 得电吸合，电动机接至工频电源，转为工频运行状态。

④ 由工频运行切换至变频运行。按下按钮 SB_6，继电器 KA_3 失电释放，其常开触点断开，端子 S_3 由 "ON" 状态转为 "OFF" 状态，KA_2 和 KM_3 相继失电释放，电动机脱离工频电源。经过时间 t_3，端子 OUT_1 由 "OFF" 状态转为 "ON" 状态，KA_1 得电吸合，其常开触点闭合，KM_2 得电吸合，将电动机接至变频器。变频器先以基本频率运行，再逐渐下降至给定频率运行。

⑤ 故障切换。当变频器因故障而跳闸时，其内部的故障继电器触点 FLB 断开，接触器 KM_1 失电释放，变频器脱离电源。KM_1 的常开辅助触点断开，继电器 KA_0 失电释放，端子 F、CC 断开，变频器结束运行状态，并使 OUT_1 处于 "OFF" 状态。

此时，故障继电器触点 FLA 闭合，接通声光报警电路，发出报警信号。同时，KA_3 得电并自锁，其常开触点闭合，端子 S_3 与 CC 接通，S_3 为 "ON" 状态，输入切换信号。因端子 OUT_1 已处于 "OFF" 状态，故等待时间 t_2，端子 OUT_2 由 "OFF" 状态转为 "ON" 状态，KA_2 得电吸合，其常开触点闭合，KM_3 得电吸合，电动机接至工频电源，转为工频运行状态。

2.2.13　一台变频器控制多台电动机并联运行的线路（一、二）

(1) 线路之一
线路之一如图 2-30 所示。

该控制线路，不能使用变频器内的电子热保护功能，而是每台电动机外加热继电器保护，用热继电器的常闭触点串联去控制保护单元。

工作原理：调节操作单元的电位器 RP（图中未标出），设定电动机正、反转速度。按下按钮 SB_1，接触器 KM 得电吸合并自锁。正转时，操作单元信号从 STF 端输出，变频器的端子 FR 与 COM 相接，各电动机按同一转速正转。反转时，操作单元信号从 STR 端输出，变频器的端子 RR 与 COM 相接，各电动机按同一转速反转。停机时，按下按钮 SB_2，接触器 KM 失电释放，电动机停止。

(2) 线路之二
线路之二如图 2-31 所示。

如果多台电动机的极数相同，则它们将以同一转速运行（由变频器外接的电位器 RP 设定）；如果这些电动机极数不一样，则它们将以不同的转速运行。

变频器的加、减速时间，应根据最大功率电动机在最大负载时所需的加、减速时间设定。若变频器的性能允许，加、减速时间可设定得略长一些。这样配备，变频器可使多台电动机同时启动，同频率稳速运行，同时减速停机。

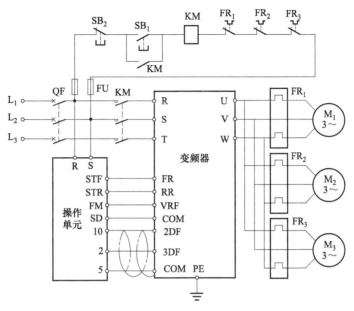

图 2-30 一台变频器控制多台电动机并联运行的线路（一）

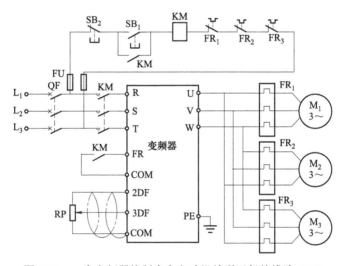

图 2-31 一台变频器控制多台电动机并联运行的线路（二）

(3) 变频器容量的选择

多台电动机共用一台变频器时，变频器的容量要按各电动机额定电流的总值来选择变频器的容量。设所有电动机的容量等均相同，且有部分电动机直接启动，可按下式计算变频器的容量：

$$I_{fe} \geqslant \frac{N_2 I_q + (N_1 - N_2) I_e}{k_f}$$

式中　I_{fe}——变频器的额定输出电流，A；

I_q——电动机直接启动电流，A；

I_e——电动机额定电流，A；

k_f——变频器的允许过载倍数，可由变频器产品说明书查得，一般可取 1.5；

N_1——电动机总台数；

N_2——直接启动的电动机台数。

2.2.14　一台频率给定器控制多台电动机并联运行的线路

线路如图 2-32 所示。

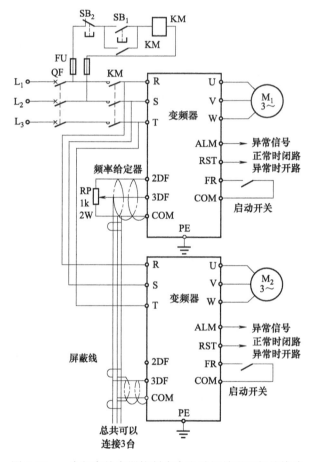

图 2-32　一台频率给定器控制多台电动机并联运行的线路

每台电动机配以独立的变频器，而频率给定器仅用一个，即用同一个电位器实现多台电动机并联运行。

2.2.15　两台变频器同步控制两台电动机的线路（一、二）

如果用两台变频器控制两台电动机以相同转速运行或以不同转速运行，或虽以不同转速运行，但以同比例升、减速，有以下两种控制线路。

（1）线路之一

线路之一如图 2-33 所示。它利用变频器内部直流电压（10V）及外接电位器控制。

分别调节两台变频器外接的电位器 RP_1 和 RP_2，即可改变两台电动机的转速。如果要

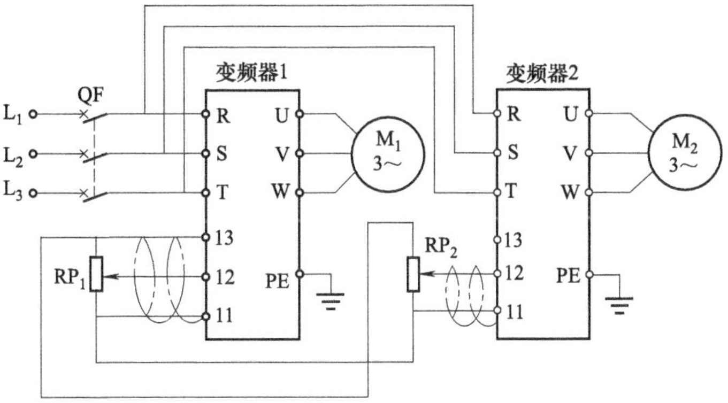

图 2-33　两台变频器同步控制两台电动机的线路（一）

求两台电动机以不同转速运行，且要以同比例升、减速（第一台电动机 M_1 的转速比第二台电动机 M_2 高），则可将 RP_2 的上端接到 RP_1 的中心端。调节 RP_1 可使两台电动机同步同比例改变转速。

（2）线路之二

线路之二如图 2-34 所示。它利用一台输出电压可调的稳压电源控制变频器电位器同步调速。

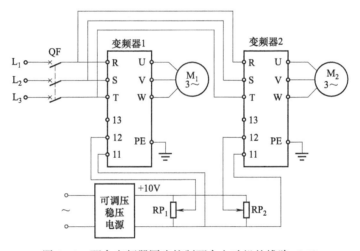

图 2-34　两台变频器同步控制两台电动机的线路（二）

将变频器外接的两个电位器 RP_1、RP_2 并联在稳压电源的输出端，调节 RP_1 和 RP_2 能分别改变两台电动机的转速。调节稳压电源的输出电压，即可控制两台电动机以同比例升、降速，达到两台电动机同步运行的目的。

2.2.16　多台变频器同步控制多台电动机的线路（一、二）

用多台变频器控制多台电动机以相同或不同的转速运行，或多台电动机以不同的转速同比例升、减速运行，有以下两种控制方法。

（1）线路之一

线路之一如图 2-35 所示。它利用变频器内部电压（10V）及控制电位器进行控制。

分别调节各自变频器的电位器，即可调节对应那台电动机的转速，达到同步运行的目

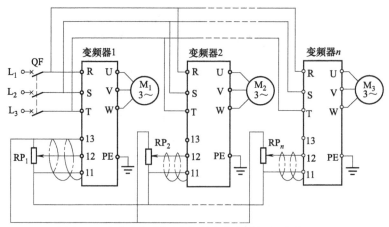

图 2-35　多台变频器同步控制多台电动机的线路（一）

的。如果要求多台电动机以不同转速运行，但以同比例升、减速（第一台电动机 M_1 的转速比其余电动机高），只需将其余各台电动机所对应变频器电位器的上端接到第一台变频器电位器 RP_1 的中心端即可。

（2）线路之二

线路之二如图 2-36 所示。它利用一台输出电压可调的稳压电源进行控制。将各个变频器的电位器并联在稳压电源的输出端。

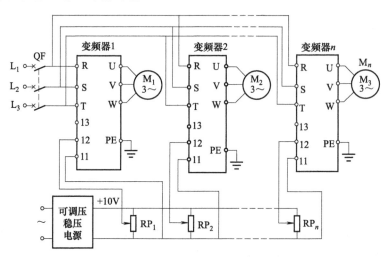

图 2-36　多台变频器同步控制多台电动机的线路（二）

调节各个电位器能分别改变各台电动机的转速。调节稳压电源的输出电压，即可同时控制各台电动机的转速水平，达到同步运行的目的。

2.2.17　利用外置单元实现多台电动机同步运行的线路（一、二）

（1）线路之一

线路之一如图 2-37 所示。它利用主速设定箱 FR-FG 和联动设定操作箱 FR-AL（日本三菱变频器）实现多台电动机同步运行。

利用这两个外置单元，可以方便地调节主速度（主电动机的转速），并使其余电动机的转速与此转速一致。

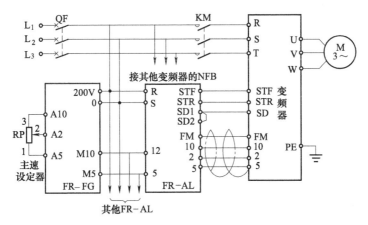

图 2-37　利用外置单元实现多台电动机同步运行的线路（一）

（2）线路之二

线路之二如图 2-38 所示。利用比率设定箱 FR-FH（三菱变频器）实现多台电动机按不同速率运行。

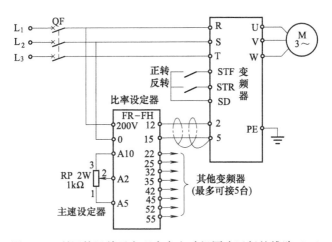

图 2-38　利用外置单元实现多台电动机同步运行的线路（二）

2.2.18　远距离操作变频器控制线路

当操作台距离变频器很远时，信号连接电缆线很长，但频率给定信号电路的电压很低，电流微弱，极易受外界干扰。为此，可采用远操作盘（选用件），以抑制长连线带来的外界干扰。

（1）线路结构

远距离操作变频器控制线路如图 2-39（a）所示，远操作盘内部结构如图 2-39（b）所示。具体安装时，远操作盘应设置在变频器附近。按钮、启动开关和复位开关等安装在操作台上。安装时应注意：信号电缆线和动力线要分开布置，频率表的电缆宜使用绞合屏蔽线。

图中，FR 为变频器的正转运行、停止指令端子；RST 为复位端子，用以解除变频器故障跳闸后的保持状态。

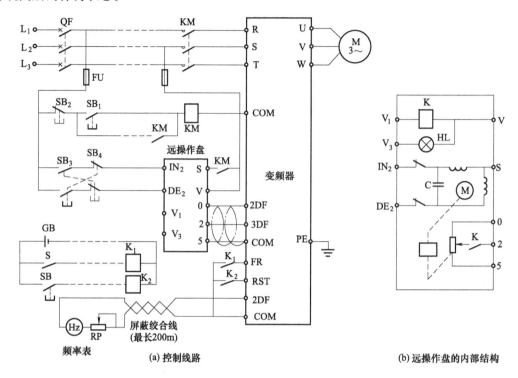

图 2-39　远距离操作变频器控制线路及远操作盘的内部结构

(2) 工作原理

合上断路器 QF，按下按钮 SB₁，接触器 KM 得电吸合并自锁，接通变频器电源。KM 的常开辅助触点闭合，接通远操作盘内部电源。由于合上 QF 时远操作盘内的继电器 K 即得电吸合，其常开触点闭合，接通电位器 RP 调节线路，因此，按动 SB₃ 或 SB₄ 即可调节电位器 RP，以设定频率。

合上启动开关 S，继电器 K₁ 得电吸合，其常开触点闭合，端子 FR 与 COM 相接，电动机启动运行。停机时，按下停止按钮 SB₂ 即可。

对于三菱变频器来说，远操作盘即为遥控设定箱 FR-FK（选用件）。

2.2.19　电磁制动电动机变频调速运行线路

电磁制动电动机由普通电动机和电磁制动器 NB 组成。电动机工作时，网电加于电磁制动器的励磁绕组上，电磁铁的衔铁即被吸上，使电动机转子上的制动盘与后端盖的制动面脱开，转子可自由转动。停机时，切断电源，电磁制动器失电，衔铁复位，使转子的制动盘与后端盖的制动面贴合，电动机迅速停转。

电磁制动电动机在变频调速运行时，应将电磁制动器 NB 通过接触器的触点接网电（变频器的输入侧）。如果 NB 接在电动机侧，则当电动机在低频下运行时，由于电动机的电压较低，制动器的励磁电流太小，衔铁吸不起来，将导致转子的制动盘与后端盖的制动面接触，使转子转不动而产生过电流。具体接线如图 2-40 所示。图中，FR 为正转运行、停止指令；中间继电器 KA 是用来控制电动机启动的。

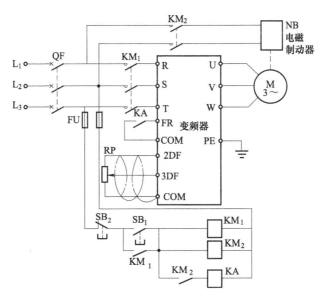

图 2-40　电磁制动电动机变频调速接线

注意：制动器 NB 必须和电动机同时通电。

工作原理：调节电位器 RP，设定电动机运行速度。运行时，按下按钮 SB₁，接触器 KM₁、KM₂ 同时得电吸合并自锁。这时 KM₁ 的主触点闭合，接通变频器电源；KM₂ 的主触点闭合，制动器 NB 得电吸合，制动面脱开。KM₂ 的常开辅助触点闭合，继电器 KA 得电吸合，其常开触点闭合，端子 FR 与 COM 连通，电动机运行。停机时，按下按钮 SB₂，接触器 KM₁、KM₂ 和继电器 KA 均失电释放，制动器 NB 失电释放，电动机被迅速制动停转。

2.2.20　变频器带制动单元、电动机带制动器的运行线路

(1) 线路结构及工作原理

线路如图 2-41 所示。图中，VRF 为设定用电压输入端子。

工作原理：调节电位器 RP，设定电动机的运行速度。运行时，按下按钮 SB₁，继电器 KA 得电吸合并自锁，其常开触点闭合，端子 FR 与 COM 连通。KA 的另一对常开触点闭合，接触器 KM 得电吸合，NB 制动器吸合，电动机运行。停止时，按下按钮 SB₂，继电器 KA 失电释放，端子 FR、COM 断开，而 VRF、COM 闭合。频率设定输入电压为零，制动单元投入工作，将逆变返回变频器直流侧的电能消耗在放电电阻上。与此同时，继电器 KA 的常开触点断开，接触器 KM 失电释放，其主触点断开。NB 制动器失电释放，电动机急速停止。

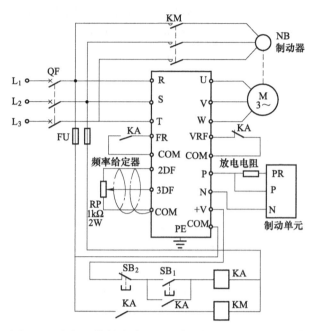

图 2-41　变频器带制动单元、电动机带制动器的运行线路

(2) 制动单元外接制动电阻的选择计算

对于 7.5kW 及以下的小容量变频器，在其出厂时一般在制动单元中随机装有制动电阻；对于 7.5kW 以上的变频器，则必须通过计算，选择合适的制动电阻。

① 制动电阻阻值的确定。根据各说明书提供的数据统计结果，制动电阻的阻值粗略估算如下：当通过制动电阻的电流等于电动机额定电流的 50% 时，所得到的制动转矩约等于电动机的额定转矩。用公式表达如下：

$$I_B = \frac{U_{DH}}{R_B} = 0.5 I_{ed}$$

$$R_B = \frac{2U_{DH}}{I_{ed}}$$

$$T_B \approx T_{ed}$$

式中　I_B——通过制动电阻的电流，A；

　　U_{DH}——直流电压上限值，V；

　　R_B——制动电阻的阻值，Ω；

　　I_{ed}——电动机额定电流，A；

　　T_B——制动转矩，N·m；

　　T_{ed}——电动机额定转矩，N·m。

通常取 $T_B = (0.8 \sim 2.0) T_{ed}$，所以制动电阻的取值范围为：

$$R_B = \frac{2.5 U_{DH}}{I_{ed}} \sim \frac{U_{DH}}{I_{ed}}$$

可见，所选取制动电阻的阻值并不是很严格的。

② 制动电阻容量的选择。当制动电阻接入电路时，它所消耗的电功率为：

$$P_{BO} = \frac{U_{DH}^2}{R_B}$$

式中　P_{BO}——制动电阻接入电路时消耗的功率，kW。

由于制动电阻常常是断续工作的，因此实际所需容量可按下式修正：

$$P_B = \alpha P_{BO}$$

式中　α——修正系数。

当 $P_{ed} \leqslant 18.5kW$ 时，$\alpha = 0.11 \sim 0.3$；当 $P_{ed} \geqslant 22kW$ 时，$\alpha = 0.25 \sim 0.4$。

2.2.21　变极电动机变频控制线路

变极电动机变频控制线路如图 2-42 所示。图中，变频器 FR 为运行、停止指令端子。

工作原理：调节电位器 RP，设定电动机的基本转速。

当接触器 KM_1、KM_3 的主触点闭合时，电动机为 Y 形联结，电动机低速运行；当接触器 KM_2 的主触点闭合时，电动机为 △ 形接法，电动机高速运行。KM_1、KM_3 与 KM_2 相互联锁。两种转速转换时，均经过时间继电器 KT 延时断开常闭触点延时，并通过 KT 的常开触点使端子 FR、COM 连通，输入运转信号后才允许运行（即电动机停止后再启动运行）。

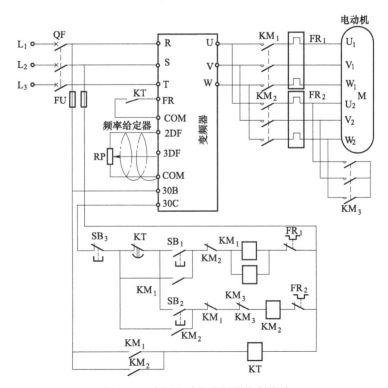

图 2-42　变极电动机变频器控制线路

时间继电器 KT 的延时整定时间应超过电动机从高速运行到自由停止所需的时间。

2.2.22　变频器三速运行线路（一、二）

(1) 线路之一

线路之一如图 2-43 所示。在该线路中变频器附带三种选用件。

工作原理：该线路的高速、中速和低速指令由外部输入，经频率给定器选定频率后向变频器输入指令，变频器控制电动机以给定的速度运行。选用件由启动、停止按钮和三种频率给定器以及上限频率给定器构成。

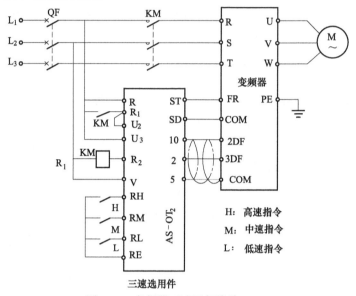

图 2-43　变频器三速运行线路（一）

(2) 线路之二

线路之二如图 2-44 所示。由于 JP6C 型变频器设有多种选择信号端子（这里仅用三速），

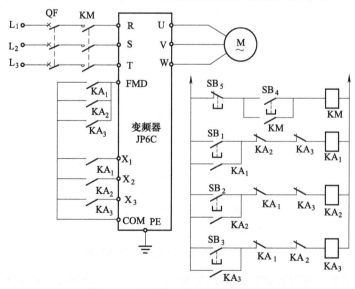

图 2-44　变频器三速运行线路（二）

因此不需要选用件。频率的给定可以有三种速度，高速、中速和低速用各自的给定电位器调速。继电器 KA_1、KA_2、KA_3 相互联锁。如选择高速运行，则按下按钮 SB_1。继电器 KA_1 吸合并自锁，其一对常开触点闭合，X_1-COM 连接，另一对常开触点闭合，FWD-COM 连接，电动机按高速指令运行。同样，按下按钮 SB_2 和 SB_3，电动机将分别按中速和低速指令运行。

2.2.23 一台雷诺尔 RNB3000 系列变频器控制一台风机的变频调速线路（一、二）

(1) 线路之一

一台雷诺尔 RNB3000 系列变频器控制一台风机的变频调速线路如图 2-45 所示。

图中，1、2 为故障输出端子；6、7 为模拟反馈电流输入端子；6、8 为模拟量输出端

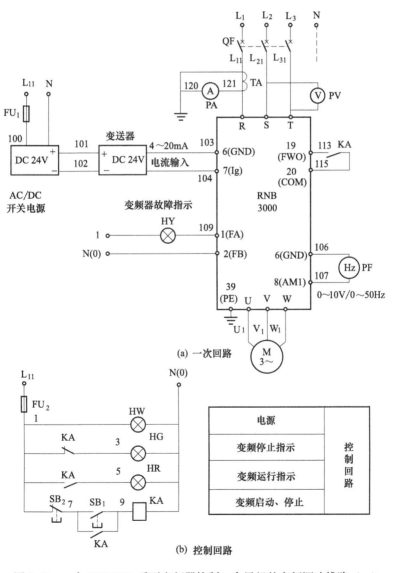

(a) 一次回路

(b) 控制回路

图 2-45　一台 RNB3000 系列变频器控制一台风机的变频调速线路（一）

子；19、20 为正转运行端子。雷诺尔 RNB3000 系列变频器控制电路端子功能参见表 2-8。

工作原理：合上断路器 QF，电源指示灯 HW 点亮。启动时，按下启动按钮 SB$_1$，中间继电器 KA 得电吸合并自锁，其常开触点闭合，变频器的 19、20（COM）端子连接，风机按设定好的启动参数启动及按运行参数运行。同时，根据反馈信号，自动调节风机的转速。同时，运行指示灯 HR 点亮。停机时，按下停止按钮 SB$_2$，KA 失电释放，19、20（COM）端子断开，风机或水泵按设定好的停止参数停机。同时，停止指示灯 HG 点亮。

当电动机发生故障时，变频器内部的故障继电器触点闭合，1、2 端子连接，故障指示灯 HY 点亮。

当模拟反馈电流输入 4~20mA 变化时，模拟量输出电压为 0~10V 变化，频率为 0~50Hz 变化。

该线路也适用于一台雷诺尔 RNB3000 系列变频器控制一台水泵。线路中的电器元件见表 2-34。

二次回路导线采用 BVR-1.5mm^2，互感器回路导线采用 BVR-2.5mm^2。

表 2-34　电器元件表

序号	符号	名称	型号	技术数据	数量	备　注
1	QF	断路器	CM1-□/3300	I_e:□A	1	随电动机功率变化
2	RN	变频器	RNB3000	功率:□kW	1	随电动机功率变化
3	KA	中间继电器	JZC3-22d	AC 220V	1	
4	TA	电流互感器	LMK3-0.66	□/5A	1	随电动机功率变化
5	PA	电流表	6L2-A	□/5A	1	随电动机功率变化
6	PV	电压表	6L2-V	0~450V	1	
7	HR、HY、HW、HG	信号灯	AD11-22/21-7GZ	HR(红)，HY(黄)，HW(白)，HG(绿)	4	
8	FU$_1$，FU$_2$	熔断器	JF-2.5RD	熔芯:4A	2	
9	SB$_1$	启动按钮	LA38-11/209	绿	1	
10	SB$_2$	停止按钮	LA38-11/209	红	1	
11		变送器			1	
12		AC/DC 开关稳压电源			1	
13	PF	频率表			1	

(2) 线路之二

线路如图 2-46 所示。

图中 1、2 为故障输出端子；4、5、6 为模拟量电压输入端子；6、8 为模拟量输出端子；19、20 为正转运行端子。雷诺尔 RNB3000 系列变频器控制电路端子功能参见表 2-8。

工作原理：合上断路器 QF，电源指示灯 HW 点亮。启动时，按下启动按钮 SB$_1$，中间继电器 KA 得电吸合并自锁，其常开触点闭合，变频器的 19、20（COM）端子连接，风机开始以电位器 RP 设定的频率运行。同时，运行指示灯 HG 点亮。停机时，按下停止按钮 SB$_2$，KA 失电释放，19、20（COM）端子断开，风机按设定好的停止参数停机。电动机发生故障时，故障指示灯 HY 点亮。

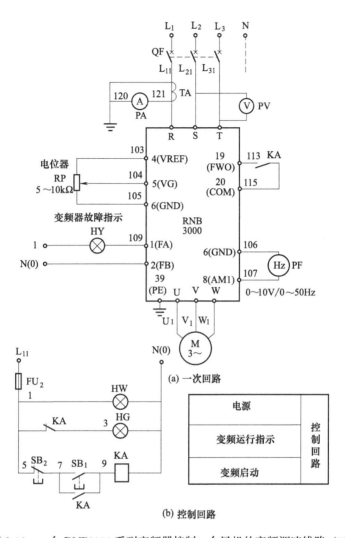

(a) 一次回路

(b) 控制回路

图 2-46　一台 RNB3000 系列变频器控制一台风机的变频调速线路（二）

该线路电器元件见表 2-35。

表 2-35　电器元件表

序号	符号	名称	型号	技术数据	数量	备　注
1	QF	断路器	CM1-□/3300	I_e:□A	1	随电动机功率变化
2	RN	变频器	雷诺尔 RNB3000	功率:□kW	1	随电动机功率变化
3	KA	中间继电器	JZC3-22d	AC 220V	1	
4	TA	电流互感器	LMK3-0.66	□/5A	1	随电动机功率变化
5	PA	电流表	6L2-A	□/5A	1	随电动机功率变化
6	PV	电压表	6L2-V	0～450V	1	
7	PF	频率表			1	
8	HG、HW、HY	信号灯	AD11-22/21-7GZ	HG(绿)、HW(白)、HY(黄)	3	
9	FU₁、FU₂	熔断器	JF-2.5RD	熔芯:4A	2	

序号	符号	名称	型号	技术数据	数量	备　注
10	SB$_1$	启动按钮	LA38-11/209	绿	1	
11	SB$_2$	停止按钮	LA38-11/209	红	1	
12	RP	电位器	5~10kΩ		1	

2.2.24　一台雷诺尔 RNB3000 系列变频器控制一台水泵恒压供水变频调速线路

一台雷诺尔 RNB3000 系列变频器控制一台水泵恒压供水变频调速线路如图 2-47 所示。

图中，1、2 为故障输出端子；4、5、6 为模拟反馈电压输入端子；6、8 为模拟量输出端子；19、20 为正转运行端子。

工作原理：手动时，断开断路器 QF$_2$（也可不断开 QF$_2$，因为接触器 KM$_1$、KM$_2$ 相联锁），合上断路器 QF$_1$。将转换开关 SA 置于"手动"位置，水泵的启动与停止由启动按钮

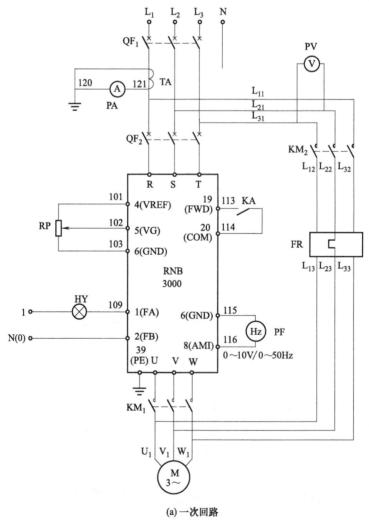

(a) 一次回路

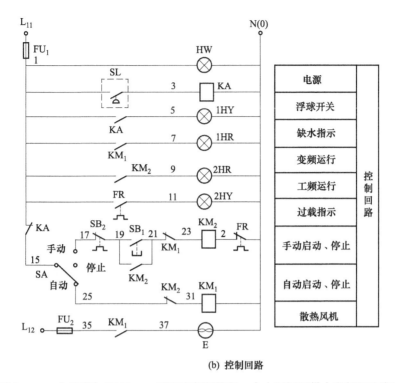

(b) 控制回路

图 2-47 一台雷诺尔 RNB3000 系列变频器控制一台水泵恒压供水变频调速线路

SB_1 和 SB_2 控制。水泵直接用工频 380V 电源供电。电动机过载由热继电器 FR 保护。浮球开关 SL 防止水泵无水时空转。无水时，SL 常开触点闭合，中间继电器 KA 得电吸合，其常闭触点断开，切断接触器 KM_2（手动）、KM_1（自动）电源，水泵不能启动。

自动时，合上断路器 QF_1、QF_2，将转换开关 SA 置于"自动"位置。当水位（水压）低于规定值时，浮球开关 SL 断开，继电器 KA 失电释放，其常闭触点闭合，接触器 KM_1 得电吸合，其常开辅助触点闭合，变频器 19、20（COM）端子连接，同时，KM_1 的主触点闭合，主频器投入运行，水泵自动投入变频调速运行，并根据反馈信号，自动调节水泵转速，从而达到恒压供水的目的。

该线路中的电器元件见表 2-36。

表 2-36 电器元件表

序号	符号	名称	型号	技术数据	数量	备注
1	QF_1、QF_2	断路器	CM1-□/3300	I_e：□A	2	随电动机功率变化
2	RN	变频器	RNB3000	功率：□kW	1	随电动机功率变化
3	KM_1、KM_2	交流接触器	CJ20-□	AC 220V	2	随电动机功率变化
4	KA	中间继电器	JZC3-22d	AC 220V	1	
5	FR	热继电器	JRS2-□F	热整定：□A	1	随电动机功率变化
6	TA	电流互感器	LMK3-0.66	□/5A	1	随电动机功率变化
7	PA	电流表	6L2-A	□/5A	1	随电动机功率变化
8	PV	电压表	6L2-V	0～450V	1	
9	SA	转换开关	LW16/2		1	
10	SB_1、SB_2	按钮	LA38-11/209	运行(绿)，停止(红)	2	

序号	符号	名称	型号	技术数据	数量	备　注
11	HR、HY、HW	信号灯	AD11-22/21-7GZ	HR(红)、HY(黄)、HW(白)	6	
12	FU	熔断器	JF-2.5RD	熔芯：4A	1	
13	SP	远传压力表	YTZ-150	1MPa 或 1.6MPa	2	控制调节器
14	PF	频率表			1	
15	E	风机			1	
16	SL	浮球开关			1	

2.2.25　一台雷诺尔 RNB3000 系列变频器控制一台排污泵变频调速线路

一台雷诺尔 RNB3000 系列变频器控制一台排污泵变频调速线路如图 2-48 所示。

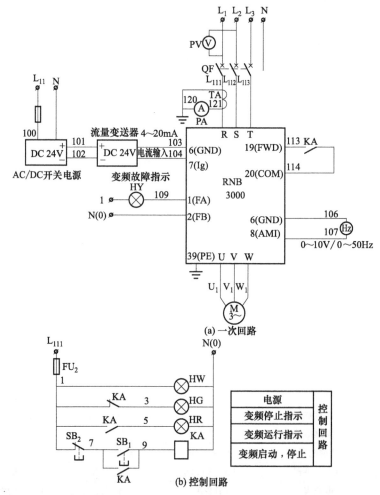

图 2-48　一台雷诺尔 RNB3000 系列变频器控制一台排污泵变频调速线路

图中，1、2 为故障输出端子；6、7 为模拟量电流输入端子；6、8 为模拟量输出端子；19、20 为正转运行端子。

工作原理：合上断路器 QF，按下启动按钮 SB_1，中间继电器 KA 得电吸合并自锁，其常开触点闭合，变频器 19、20（COM）端子连接，水泵电动机开始启动运行，并根据流量变送器送到变频器的信号，自动调整水泵转速。停机时，按下停止按钮 SB_2，KA 失电释放，19、20（COM）端子断开，水泵按设定好的停止参数停止运行。

其他动作情况同本章 2.2.21 例所述。

2.2.26 一台雷诺尔 RNB3000 系列变频器控制两台水泵恒压供水变频调速线路

一台雷诺尔 RNB3000 系列变频器控制两台水泵恒压供水变频调速线路如图 2-49 所示。

工作原理：合上断路器 QF_1、QF_3 及 QF_4。手动时，将转换开关 SA 置于"手动"位置。合上转换开关 SA_1 及 SA_2（两台水泵同时投入时，SA_1、SA_2 同时合上），中间继电器 KA_2 得电吸合，其常开触点闭合。同时，接触器 KM_2、KM_4 得电吸合，由于 KM_1 与 KM_2 互为联锁、KM_3 与 KM_4 互为联锁，所以水泵 1 和水泵 2 直接由工频 380V 电源供电运行。停止时，只要断开 SA_1、SA_2 即可。电动机过载分别由热继电器 FR_1 和 FR_2 保护。

自动时，合上全部断路器 QF_1～QF_4，将转换开关 SA 置于"自动"位置。当水位（水压）低到规定值时，中间继电器 KA_1 得电吸合，变频器的 19、20（COM）端子连接。同时，接触器 KM_1、KM_3 得电吸合（KM_2、KM_4 失电释放），水泵自动变频调速运行，并根据反馈信号，自动调节水泵转速和需要运行的水泵台数，从而达到恒压供水的目的。

浮球开关 SL 防止水泵无水时空转。

该线路中的电器元件见表 2-37。

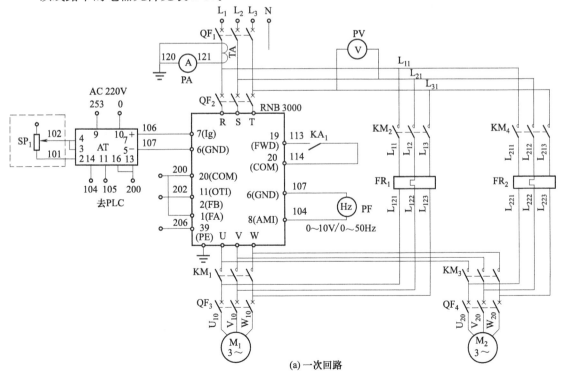

(a) 一次回路

图 2-49

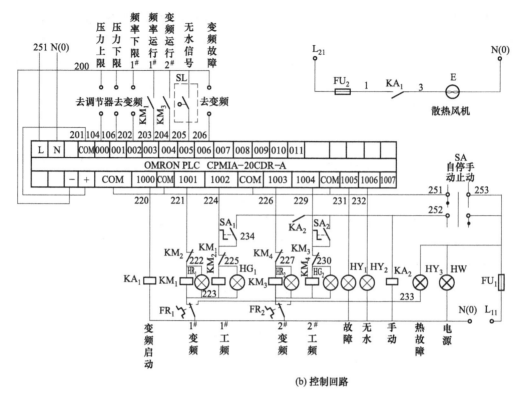

(b) 控制回路

图 2-49　一台雷诺尔 RNB3000 系列变频器控制两台水泵恒压供水变频调速线路

表 2-37　电器元件表

序号	符号	名称	型号	技术数据	数量	备　注
1	QF_1、$QF_2 \sim QF_4$	断路器	CM1-□/3300	I_e:□A	4	随电动机功率变化
2	RN	变频器	RNB3000	功率:□kW	1	随电动机功率变化
3	$KM_1 \sim KM_4$	交流接触器	CJ20-□	AC 220V	4	随电动机功率变化
4	KA_1、KA_2	中间继电器	JZC2-22d	AC 220V	2	
5	FR_1、FR_2	热继电器	JRS2-□F	热整定:□A	2	随电动机功率变化
6	TA	电流互感器	LAK3-0.66	□/5A	1	随电动机功率变化
7	PV	电压表	6L2-V	0~450V	1	
8	SA	转换开关	LW5-16/1		1	
9	SA_1、SA_2	转换开关	LW5-16/1		2	
10	HR、HY、HG、HW	信号灯	AD11-22/21-7GZ	HR(红)、HY(黄)、HG(绿)、HW(白)	5	
11	FU_1、FU_2	熔断器	JF-2.5RD	熔芯:4A	2	
12	SP	远传压力表	YTZ-150	1MPa 或 1.6MPa	1	
13	AT	工人智能工业调节器	AI-708E		1	
14	SL	浮球开关			1	
15	PLC (OMRON)	可编程控制器	CPW1A-20 CDR-A		1	
16	PF	频率表			1	
17	E	散热风机			1	

2.2.27　一台雷诺尔 RNB3000 系列变频器控制三台水泵恒压供水变频调速线路

一台雷诺尔 RNB3000 系列变频器控制三台水泵恒压供水变频调速线路如图 2-50 所示。

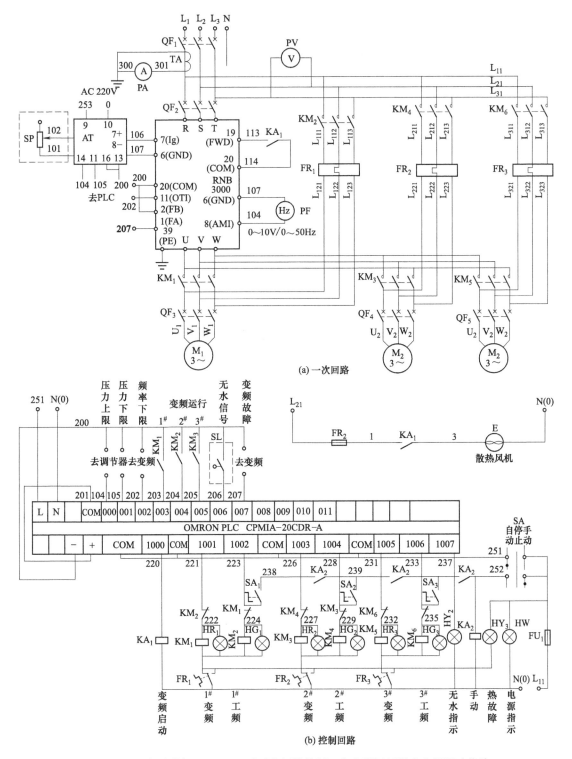

图 2-50 一台雷诺尔 RNB3000 系列变频器控制三台水泵恒压供水变频调速线路

图中，1、2 为故障输出端子；6、7 为模拟反馈电流输入端子；6、8 为模拟量输出端子；19、20 为正转运行端子；11、20 为可编程数字输出端子。工作原理类同本章 2.2.26 例，只不过将原控制两台电动机变为三台而已。

2.2.28　一台雷诺尔 RNB3000 系列变频器控制四台水泵恒压供水变频调速线路

一台雷诺尔 RNB3000 系列变频器控制四台水泵恒压供水变频调速线路如图 2-51 所示。

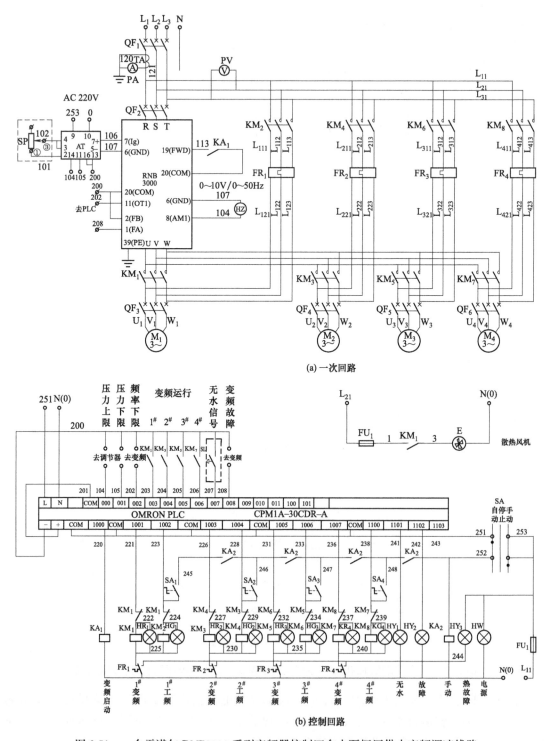

图 2-51　一台雷诺尔 RNB3000 系列变频器控制四台水泵恒压供水变频调速线路

图中，各端子号含义同图 2-50。工作原理类同本章 2.2.26 例，只不过将原控制两台电动机变为控制四台而已。

2.2.29　两台雷诺尔 RNB3000 系列变频器控制两台水泵（一用一备）恒压供水变频调速线路

两台雷诺尔 RNB3000 系列变频器控制两台水泵（一用一备）恒压供水变频调速线路如图 2-52 所示。

图中，1、2 为故障输出端子；4、5、6 为模拟反馈电压输入端子；6、8 为模拟量输出端子；19、20 为正转运行端子。

工作原理：合上断路器 QF_1 和 QF_2，将转换开关 SA 置于"1# 用 2# 备"位置，触点①、②接通，③、④接通，中间继电器 KA_3 得电吸合，其常开触点闭合，1# 变频器的 19、20（COM）端子连通，1# 水泵变频运行。由于 KA_3 与 KA_4 互相联锁，所以 2# 水泵停止运行。当 1# 水泵发生故障时，变频器内部故障继电器吸合，1，2 端子短接（即 FB 和 FA 连通），时间继电器 KT_1 线圈得电自锁。经过一段时间延时（为确保两台水泵切换的安全），时间继电器 KT_1 瞬时常闭触点断开，KA_3 失电释放，1# 水泵退出运行，而 KT_1 的延时闭合常开触点经过一段时间延时（为确保两台水泵切换时的安全）闭合，中间继电器 KA_4 得电吸合，其常开触点闭合，2# 变频器的 19、20（COM）端子连通，2# 备用水泵投入变频运行。

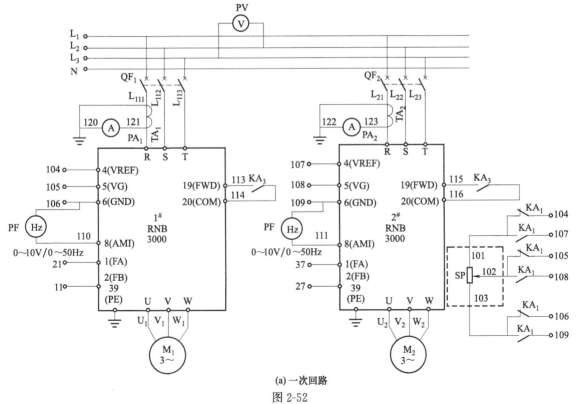

(a) 一次回路

图 2-52

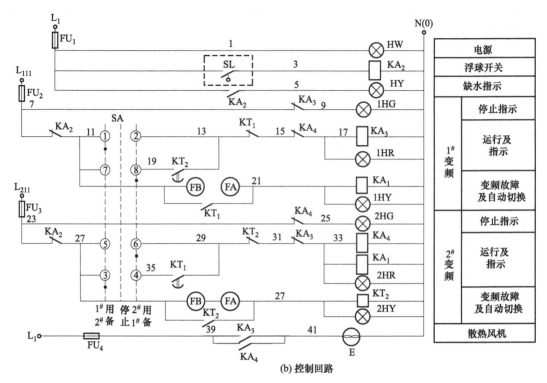

图 2-52　两台雷诺尔 RNB3000 系列变频器控制两台水泵（一用一备）恒压供水变频调速线路

当转换开关 SA 置于"2#用 1#备"时，工作原理和"1#用 2#备"相。

浮球开关 SL 用于防止水泵无水时空转。当水箱无水时，浮球开关 SL 常开触点闭合，中间继电器 KA2 得电吸合，其常闭触点断开，切断控制回路电源，从而使两台水泵均停止运行。

电器元件见表 2-38。

表 2-38　电器元件表

序号	符号	名称	型号	技术数据	数量	备　注
1	QF$_1$、QF$_2$	断路器	CM1/□/3300	I_e：□A	2	随电动机功率变化
2	RN	变频器	RNB3000	功率：□kW	2	随电动机功率变化
3	KA$_1$～KA$_4$	中间继电器	JZC3-22d	AC 220V	4	
4	KT$_1$、KT$_2$	时间继电器	JZC3-40d	AC 220V	2	
5	TA	电流互感器	LMK3-0.66	□/5A	2	随电动机功率变化
6	PA	电流表	6L2-A	□/5A	2	随电动机功率变化
7	PV	电压表	6L2-V	0～450V	1	
8	SA	转换开关	LW5-16/1		2	
9	HR、HY、HG、HW	信号灯	AD11-22/21-7GZ	HR(红)、HY(黄)、HG(绿)、HW(白)	8	
10	FU$_1$～FU$_4$	熔断器	JF-2.5RD	熔芯：4A	4	
11	SP	远传压力表	YTZ-150	1MPa 或 1.6MPa	1	
12	SL	浮球开关			1	
13	PF	频率表			2	
14	E	风机			1	

第3章
PLC控制线路

3.1 PLC 的特点与选用

3.1.1 PLC 的特点及性能指标

(1) PLC 的特点

可编程控制器的英文名称为 programmable logic controller，简称 PLC。国际电工委员会（IEC）将可编程控制器定义为：可编程控制器是一个数字运算操作的电子系统，专为在工业环境下应用而设计。它采用可编程的存储器，用来在其内部存储和执行逻辑运算、顺序控制、定时、计数和算术运算等操作指令，并通过数字式或模拟式的输入和输出控制各种类型的机械或生产过程。可编程控制器及其有关设备，都应按易于工业控制系统形成一个整体、易于扩充其功能的原则设计。

可编程控制器是面向用户的专用工业控制计算机。它不但具有与外部工业设备连接的输入/输出（I/O）接口电路，而且具有编程直观简单、易学易懂的优点，其控制能力特别强。

PLC 具有以下特点：

① 可靠性高，抗干扰能力强。PLC 以单片机为核心，在硬件和软件上采取了一系列抗干扰措施，可直接安装于工业现场而稳定可靠地工作。目前 PLC 的平均无故障工作时间可达到 30 万小时以上。

② 控制功能强。PLC 具有逻辑判断、计数、定时、模拟/数字（A/D）和数字/模拟（D/A）转换功能，能完成对模拟量的控制和调节；能进行数据传递、比较和逻辑运算，四则运算和乘方运算，以及逻辑算术移位、数据检索、转换等；PLC 可以和计算机、打印机及多台 PLC 等相连，互相通信，集中管理，分散控制等。

③ 编程方便，易于掌握和使用。PLC 采用与继电器电路相似的梯形图编程，直观易懂。

④ 安装、调试方便。由于 PLC 中包含大量的中间继电器、时间继电器、计数器等"软元件"，又用程序代替了硬接线，因此大大减少了接线工作量。PLC 的编程可根据生产工艺要求事先在实验室中进行并作模拟调试。

⑤ 维修方便。PLC 具有自我诊断、监视等功能，对其工作状态、故障状态、I/O 的状态均有显示（LED 指示灯），一旦发生故障就很容易查明并作出处理。

⑥ 程序修改方便。可根据不同生产工艺要求，随时对程序进行修改，不用更改硬接线。

(2) PLC 的基本构成

PLC 的组成框图如图 3-1 所示，PLC 的等效电路如图 3-2 所示。PLC 由中央处理器（CPU）、存储器、输入/输出（I/O）接口电路、电源以及外接编程器等部分组成。

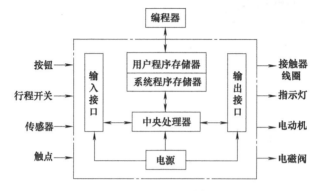

图 3-1 PLC 的组成框图

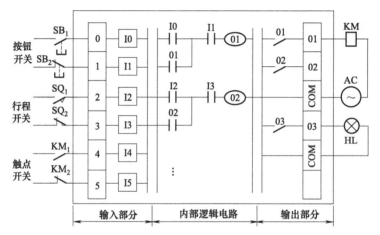

图 3-2 PLC 的等效电路

① 中央处理器（CPU）。CPU 是 PLC 的核心部件，它能按编程指挥 PLC 有条不紊地进行工作，利用循环扫描工作方式，采集输入信号，进行逻辑运算、数据处理，并将结果送到输出接口电路，去控制执行元件。其中，还要进行故障诊断、系统管理等工作。

② 存储器。PLC 的存储器包括系统程序存储器和用户程序存储器两部分。

a. 系统程序存储器。它用来存放由 PLC 生产厂家编写的系统程序，并已固化到只读存储器（ROM）内，用户不能直接更改。系统程序一般包括系统管理程序、指令解释程序、I/O 操作程序、逻辑运算程序、通信联网程序、故障检测程序、内部继电器功能程序等。

b. 用户程序存储器。它用来存放用户为某控制任务编制的程序。用户采用 PLC 编程语言编程。用户程序存储器中的内容可以由用户任意修改或增删。

③ 输入/输出（I/O）接口电路。

a. 输入接口电路。它用于接收和采集各种输入信号，如从按钮、开关、触点、光电开关等传送来的开关量输入信号，或由电位器、传感器、变送器等来的模拟量输入信号。

b. 输出接口电路。它用于将经 CPU 处理过的控制信号转换成外部设备所需要的控制信号（通常有继电器输出、晶体管输出及双向晶闸管输出 3 种类型），并送到有关执行设备，如接触器、电磁阀、调节阀、指示灯、调速器等。

④ 编程器。它是用来输入、修改、检查及显示用户所编的程序，监视程序运行情况。编程器由键盘、显示器和通信接口三部分组成。

⑤ 电源。PLC 的工作电源大多为 220V 交流电源，也有用直流 24V 电源的。PLC 对电源的稳定性要求不高，允许在 ±15％ 范围内波动。PLC 内部有一个稳压电源，用于对 CPU 板、I/O 板及扩展单元供电。有的 PLC 还提供直流 24V 稳压电源，为外部的传感器供电。

(3) PLC 的工作原理

PLC 的工作原理如图 3-3 所示。

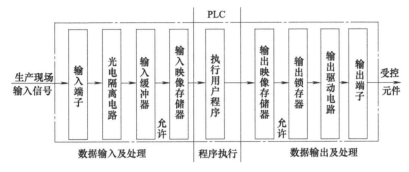

图 3-3 PLC 的工作原理图

PLC 对用户程序采用循环扫描方式进行工作。根据输入信号的状态，按照控制要求进行处理判断，产生控制输出。这个过程分为数据输入及处理、程序执行、数据输出及处理三个阶段。整个过程进行一次所需要的时间称为扫描周期，这一时间一般只有几十毫秒。

首先 PLC 以扫描方式依次读入所有输入信号的通/断状态，并将它们存入到输入映像存储器中。在读入结束后，PLC 转入用户程序执行阶段（用户程序编制在用户程序存储器中）。此时，PLC 的中央处理器（CPU）按梯形图先左后右、先上后下的顺序对逐条指令进行解释、执行，直到执行 END 指令后才结束对用户程序的扫描。

在程序执行阶段，CPU 从输入映像寄存器中读出各继电器的状态，并根据用户程序进行逻辑运算，再将处理结果存放在输出映像寄存器。当程序执行结束后，将输出映像寄存器的状态写入输出锁存器，由锁存器的输出状态经输出驱动电路（输出形式有继电器、晶体管和双向晶闸管三种）去驱动外部负载。

(4) PLC 的性能指标

① I/O 总点数。I/O 总点数是 PLC 可以接收的输入开关量信号和输出开关量信号的数量总和。对于开关量，I/O 用最大 I/O 点数表示；对于模拟量，用最大通道数（路数）表示。I/O 点数越多，PLC 可外接的输入开关器件和模拟器件越多，输出控制器件也越多，控制规模就越大，控制关系也越复杂，存储器容量也越大，要求 PLC 指令及其功能也越多，指令执行的过程也越快，当然价格也越贵。

PLC 按照 I/O 点数多少可分为以下五种类型：

a. 超小型或微型：64 点以下。

b. 小型：64～512 点。

　　c. 中型：512～2048 点。

　　d. 大型：2048～8192 点。

　　e. 超大型：8192 点以上。

　　② PLC 内部继电器的种类和点数。它包括辅助继电器、特殊继电器、定时器、计数器和移位寄存器等。

　　③ 用户程序存储容量。在编制 PLC 程序时，需要大量的存储器来存放变量、中间结果、保持数据、定时计数、单元设置和各种标志等信息。用户程序存储器的容量决定于 PLC 可容纳用户程序的长短，一般以字为单位来计算。16 位二进制数为一个字，每 1024 个字为 1 千字，中小型 PLC 一般在 8 千字以下，大型 PLC 可达 256 千字以上。通常编程时，一般的逻辑操作指令每条占一个字，计时、计数和移位指令占两个字，一般数据操作指令每条占两个字。

　　④ 扫描速度。扫描速度是指 PLC 执行 1Kstep（千步）用户程序所需的时间，以毫秒/千字为单位。对一般指令来说，一步相当于一个字，所以单位也为毫秒/千字。

　　⑤ 指令功能及数量。PLC 的指令条数越多，其功能也越强，即 PLC 的处理能力和控制能力也越强。

　　⑥ 支持软件。为了编制 PLC 程序和增加监控 PLC 工作的功能，许多厂家都开发了支持软件。

　　⑦ 专用功能单元的种类。为了增加 PLC 的功能，许多厂家都开发了专用功能单元。

　　⑧ 工作环境条件。参见 3.1.2（2）1）项。

　　⑨ 其他。包括抗干扰能力、输出方式、主要硬件（如 CPU、存储器）的型号等。

3.1.2　PLC 的选用

(1) PLC 的选择

　　PLC 产品很多，有通用公司 GE-Ⅲ系列、西门子 TI 系列、富士 NBO 系列、欧姆龙系列、三菱 FX 系列等。

　　1）国产 PLC 的主要系列　目前国产 PLC 产品在国内 PLC 市场上所占比例尚不大，国产 PLC 的技术性能已达到相当的水平，具有和国外同类产品进行竞争的能力。主要产品有：

　　① 南京嘉华公司的 JH200 系列 PLC。I/O 点数为 12～120，具有高速计数器和模拟量功能。

　　② 杭州新箭公司的 D 系列 PLC。D20P 的 I/O 点数为 20，D100 的 I/O 点数为 40～120。

　　③ 兰州全志公司的 RD 系列 PLC。RD100 型的 I/O 有 13 点（9/4），2 点模拟量输入；RD200 型的 I/O 点数为 20～40，扩展的功能有编码盘测速、热电偶测温和模拟量 I/O。RD200 型 PLC 最多可 32 台联网，并能与上位 PC 机进行实时通信。

　　④ 北京和利公司的 FO 系列 PLC。该公司的 HOLiiAS LECG3 新一代高性能小型 PLC 有 14 点（8/6）、24 点（14/10）、40 点（24/16）3 个规格，基本指令的执行时间为 $0.6\mu s$，程序存储器的容量为 52 千字。为方便用户选用，该公司开发了 19 种、35 个不同规格的 I/O

扩展模块。G3 型 PLC 可最多扩展 7 个模块，I/O 最多可到 264 点。

FOPLC 中型机的开关量 I/O 达到 1024 点，模拟量 I/O 为 256 点；内置 TCP/IP 通信接口。

2）选择 PLC 应考虑的主要因素　PLC 产品种类繁多，功能各异，容量及 I/O 点数的差别很大，价格也不同，选择时应根据实际需要，选择性价比高的机型，既要满足生产工艺的控制要求，又要做到不浪费，投资少。

选择 PLC 主要从以下几个方面考虑：

① 环境条件。所选机型应满足生产现场的实际环境条件的要求。

② 满足 I/O 点数要求。首先按以下 3）项估算出所需要的 I/O 点数，然后增加 10％以上（一般取 15％～25％）的备用量，以便当实际使用的 I/O 点损坏时更换，以及随时增加控制功能。

注意：PLC 还有扩展单元和模块。

③ 满足输入/输出信号的性质。所选 PLC 应满足输入信号电压的类型（是直流还是交流）、等级和变化率的要求，满足输出端的负载特点。请见以下 4）②项。

④ 满足现场对控制响应速度的要求。对于以开关量为主的控制系统，PLC 的响应时间（包括输入滤波时间、输出滤波时间和扫描周期），一般机型都能满足要求。对于有模拟量控制的系统，需考虑响应时间。不同的控制系统对 PLC 的扫描速度的要求有所不同。例如，对于 S5-135U 型 PLC，选用不同的 CPU，适用于不同的控制系统，如 921S CPU 适用于逻辑控制系统，920R CPU 适用于 PID 调节系统，920 CPU 适用于统计管理控制。

⑤ 满足程序存储器容量要求。PLC 的程序存储器容量通常以字或步为单位，如 1 千字、3 千步等。PLC 的程序步是由一个字构成的，即每个程序步占一个存储器单元。

用户程序所需存储器容量可按以下方法估算：对于开关量控制系统，存储器字数等于 I/O 信号总数乘以 8；对于有模拟量输入/输出的系统，每一路模拟量信号大约需 100 字的存储器容量。

⑥ 满足抗干扰要求，避免 PLC 误动作。当然还需采取一些防干扰措施。

⑦ 满足通信要求。PLC 的通信功能包括通信接口、通信速度、通信站数、通信网络等。

另外，还应考虑使用方便、维护简单等因素。

3）PLC 输入/输出（I/O）点数的估算

① 输入点数的估算。按钮、行程开关、接近开关等每一只占一个输入口；选择开关有几个选择位置就占几个输入口。但当采用 PLC 的特殊功能指令时，则打破上述的常规。以三菱 FX2 型 PLC 为例，若选用晶体管输出型 PLC，则占用 n 个输出（$n=2\sim8$）和 8 个输入，若利用 MTR 矩阵指令，则可读入 $n\times8$ 个输入点。也就是说，64 个输入点只占用 8 个输入口和 8 个输出口，而 56 个输入点只占用 8 个输入口和 7 个输出口，其余类推。唯一的条件是输入点的动作时间要超过 0.16s。

② 输出点数的估算。接触器、继电器、电磁阀等每一只占一个输出口；两只接触器控制电动机正反转或控制双电磁阀等均为每一只占用两个输出口。

③ 对一个控制对象，由于采用不同的控制方式和编程水平不同，输入/输出（I/O）点数会有所不同。表 3-1 所示为典型传动设备及常用电器元件所需的 I/O 点数。

表 3-1 典型传动设备及常用电器元件所需的 I/O 点数

序号	电气设备、元件	输入点数	输出点数	I/O 总数
1	星-三角启动的笼型电动机	4	3	7
2	单向运行笼型电动机	4	1	5
3	可逆运行笼型电动机	5	2	7
4	单向变极电动机	5	3	8
5	可逆变极电动机	6	4	10
6	单向运行的直流电动机	9	6	15
7	可逆运行的直流电动机	12	8	20
8	单线圈电磁阀	2	1	3
9	双线圈电磁阀	3	2	5
10	比例阀	3	5	8
11	按钮开关	1	—	1
12	光电管开关	2	—	2
13	信号灯	—	1	1
14	拨码开关	4	—	4
15	三挡波段开关	3	—	3
16	行程开关	1	—	1
17	接近开关	1	—	1
18	抱闸	—	1	1
19	风机	—	1	1
20	位置开关	2	—	2
21	功能控制单元			20(16,32,48,64,128)
22	单向绕线转子电动机	3	4	7
23	可逆绕线转子电动机	4	5	9

4）PLC 输入、输出形式的选择

① PLC 输入形式的选择　PLC 的输入技术指标包括输入信号电压类型、等级，输入 ON（通）电流、输入 OPP（断）电流及输入信号形式等。

三菱 FX 系列 PLC 的输入技术指标见表 3-2。

表 3-2 三菱 FX 系列 PLC 的输入技术指标

项　　目	DC 输入		AC 输入
品种	FX0、FXON、FX2、FX2C	FXON、FX2C（X10 以内）	FX2
输入信号电压	DC 24V，±10%		AC 100~120V，±10%，50/60Hz
输入信号电流	7mA/DC 24V	5mA/DC 24V	6.2mA/AC 110V，60Hz
输入 ON 电流	4.5mA 以上	3.5mA 以上	3.8mA 以上
输入 OFF 电流	1.5mA 以下	1mA 以下	1.7mA 以下
输入响应时间	约 10ms，但 FX0 的 X0~X17 和 FXON 的 X0~X7 为 0~15ms 可变		约 30ms，不可高速输入

项　　目	DC 输入	AC 输入
输入信号形式	无电压接点，或 NPN 集电极 开路输出晶体管	AC 电压
电路隔离	电路隔离，光耦合隔离（FX0、FXON）	
输入动作显示	输入 ON 时，LED 灯亮	

② PLC 输出形式的选择　PLC 主要用于开关量的控制，有继电器、晶体管（三极管）和双向晶闸管 3 种输出形式。各种输出形式所适用的负载见表 3-3。

表 3-3　PLC 三种输出形式适用的负载

输　出　形　式	适　用　负　载
继电器 一般接点可承受交流 250V/2A （也有 300V/5A）、直流 24V/2A	不加消火花电路时，可用于干簧继电器、小型继电器、固态继电器、固态定时器、小容量氖泡、发光管等；有消火花电路时，可用于电磁接触器、继电器、小容量感性负载等。也常用于适当容量的发光管、白炽灯和 LED 灯等
晶体管（三极管） 一般为直流 24V/0.5A（环境温度在 55℃ 以下）	继电器、指示灯等小容量装置。主要用于数控装置、计算机数据传输、控制信号传输等快速反应的场合。晶体管有近 0.1mA 的漏电流，用它来驱动特别微小的负载时，要引起注意
双向晶闸管 一般为交流 120～230V/1A（环境温度在 55℃ 以下）	大容量的感性负载，如大容量的接触器、电磁阀以及大功率电动机等。双向晶闸管有 1～2.4mA 的漏电流。但在额定负载下，理论寿命应该说是无限的

三菱 FX 系列 PLC 的输出技术指标见表 3-4。

表 3-4　三菱 FX 系列 PLC 的输出技术指标

项　　目		继电器输出	晶闸管输出	晶体管输出
外部电源		AC 250V DC 30V 以下 （需外部整流二极管）	AC 85～240V	DC 5～30V
最大负载	电阻负载	2A/1 点、8A/4 点 公用，8A/8 点公用	0.3A/1 点、 0.8A/4 点 （1A/1 点、 2A/4 点）	0.5A/1 点、0.8A/4 点 〈0.1A/1 点、0.4A/4 点〉 （1A/1 点、2A/4 点） [0.3A/1 点、1.6A/16 点]
	感性负载	80V・A	15V・A/AC 100V、 30V・A/700V、 50V・A/AC 100V、 100V・A/AC 200V	12W/DC 24V〈2.4W/DC 24V〉 （24W/DC 24V）[7.2W/DC 24V]
	灯负载	100W	30W （100W）	1.5W/DC 24V 〈0.3W/DC 24V〉 （3W/DC 24V）[1W/DC 24V]
开路漏电流		—	1mA/AC 100V、 2mA/AC 200V （1.5mA/AC 100V、 3mA/AC 200V）	0.1mA 以下
响应时间		约 10ms	ON 时，1ms； OFF 时，10ms	ON 时，0.2ms 以下； OFF 时，0.2ms 以下； 大电流时为 0.4ms 以下
电路隔离		机械隔离	光电晶闸管隔离	光耦合隔离
输出动作显示		继电器线圈通电 时 LED 灯亮	光电晶闸管驱动 时 LED 灯亮	光耦合器驱动 时 LED 灯亮

注：〈　〉——FX2C 基本单元；（　）——大电流扩展模块；[　]——FX 接插件扩展模块输出。

新型的 PLC 有开关信号、数字信号、频率信号、脉冲信号和模拟信号等多种信号输出，但使用较多的是开关信号。近年来模拟信号的使用有所增多，大多是在配合过程控制仪表和执行装置时使用。输入和输出的电流信号主要有 0～10mA、0～20mA 和 4～20mA 三种，输入和输出的电压信号有 ±15mV、±1V、±2.5V、±5V、±10V、0～2V、0～5V、0～10V 和 1～5V、1～10V 等。

(2) PLC 的使用

1) PLC 的工作环境　PLC 只有在规定的环境中才能安全可靠地工作。若环境条件中有不满足其要求的，则应采取相应的改善措施。PLC 的运行环境条件规定如下：

① 环境温度：0～55℃。

② 相对湿度：10%～90%，不结露，无冰冻。

③ 没有腐蚀性、可燃性气体。

④ 无滴水，无热源，无直接日晒，通风良好。

⑤ 不能承受直接振动和冲击。

对于环境条件规定，各厂家产品有所不同，可参见 PLC 产品的通用性能。

2) PLC 使用的注意事项

① PLC 应安装在符合规定要求的环境中。

② 为便于通风和拆装，PLC 周围应留出大于 80mm 的空间。

③ PLC 的安装应远离强电磁场，如远离大型电机、电焊机、电力变压器、整流变压器和大功率接触器、电磁铁等设备。

④ PLC 的供电电源应取自电压较稳定的干线或由变电所母线引出的专用线上，以保证 PLC 的电压质量。若电压波动过大，应考虑加装稳压器或不间断电源（UPS）。

⑤ 电源线最好用双绞线，其截面积不应小于 2mm²，有些 PLC 要求不小于 4mm²。此外，CPU 和 I/O、负载等应尽可能采用单独电源供电。

⑥ 当电源噪声过大时，应接入隔离变压器，阻止噪声干扰进入 PLC。

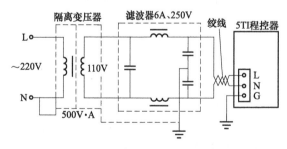

图 3-4　PLC 供电电源部分的接线

⑦ 采用隔离变压器和低通滤波器时，电网电压先经隔离变压器、低通滤波器后再引入 PLC。变压器采用双屏蔽隔离技术，一次侧屏蔽层接中线，以隔离外部电源的干扰；二次侧屏蔽层与 PLC 系统控制柜共地，如图 3-4 所示。隔离变压器的二次线圈不能接地。

⑧ 为防止电网的浪涌过电压窜入 PLC，可在 PLC 的交流输入端接入压敏电阻、浪涌吸收器等，并使这些电子元器件和 PLC 的接地端分别接地。

⑨ PLC 对柜内动力线的距离应大于 20cm。

⑩ I/O 信号线尽量远离（至少大于 10cm）高电压、大电流的主电路导线和电源线。

⑪ 当 I/O 信号线不能与主电路导线、电源线分开时，I/O 信号线应采用屏蔽电缆，且在 PLC 一侧将电缆屏蔽层接地。若效果欠佳，则可在另一端接地。

⑫ 传送模拟信号的屏蔽线的屏蔽层应一端接地。为了泄放高频干扰，数字信号线的屏蔽层应并联电位均衡线，其电阻应小于屏蔽层电阻的 1/10，并将屏蔽层两端接地。如果无法设置电位均衡线，或只考虑抑制低频干扰，也可以一端接地。

⑬ 输出单元接线需注意直流电源极性。对于继电器输出单元，对直流电源没有极性的要求；而对于场效应晶体管输出单元，对电源极性有严格要求，一旦极性接反，可能导致严重事故。

⑭ 输入单元的公共端（COM）和输出单元的公共端不能连接在一起。

⑮ 所有接线应尽可能短。过长的走线会因分布电容而引起干扰。必要时采用绞线及屏蔽线。

⑯ 当 PLC 输入端或输出端接有感性元件时，应在它们两端并联续流二极管（直流电路）或 RC 电路（交流电路），以抑制电路断开时产生的过电压对 PLC 的影响。

(3) PLC 的技术性能

1）通用公司 GE-Ⅲ 系列 PLC 的技术性能 通用公司 GE-Ⅲ 系列 PLC 产品的主要技术性能见表 3-5。

2）西门子 TI 系列 PLC 的技术性能 西门子 TI 系列 PLC 产品的主要技术性能见表 3-6。

表 3-5 GE-Ⅲ 系列 PLC 的技术性能

项 目		技 术 性 能
用户逻辑存储器	容量	4096 个 16 位字
	类型	CMOS RAM 或 EPROM
扫描时间(典型)		28.5ms
I/O 点数		最多可达 400
编程语言		梯形图
编程指令条数		57 条
电源		AC 85～132V 或 170～265V，一般用 S-02W，远程 I/O 用 S-02WR
交流电源频率		47～63Hz
最大负载		每一基本单元的最大容量为 100V·A
电源		DC 20～32V，一般用 S-02WC，远程 I/O 用 S-02WR-C
直流电压波动		输入电压的 ±10%
最大负载		每一基本单元的最大功耗 100V·A
内部继电器数量		368 个(其中 64 个为保持式)
定时器/计数器数量		128 个，可任意组合，最大预置值为 999.9s/9999
移位寄存器数量		128 个
数据寄存器数量		128 个
I/O 模块		8 点、16 点模块(有 LED 运行显示)，32 点模块(无 LED 运行显示)，可任意组合
框架		4 模块、6 模块、8 模块框架，可扩展到 24 个模块(3 个框架)
工作温度		0～60℃
电池		锂电池，有负载寿命为 2 年，无负载寿命为 10 年
外用设备		盒式磁带录音机、程序和逻辑图用打印机、PROM 写入器、LED 液晶显示编程器

表 3-6 西门子 TI 系列 PLC 的技术性能

CPU	TI305 TI315	TI330	TI405 TI425	TI435	TI525	TI535	TI545	TI560	TI565
系统内存 (2B=1字) /KB	1.4 RAM/ EPROM	7.4 RAM/ EPROM	7RAM	15 RAM/ EPROM/ E²PROM	10 RAM/ E²PROM	40 RAM/ E²PROM	192 RAM/ E²PROM	1024 RAM	1024 RAM
1千字 执行时间/ms	40	12	3	0.49	4	0.8	0.78	1.3	1.3①
控制继电器/可保持控制继电器	155/59	140/28	任意组合(最多480点)	任意组合(最多480点)	512/256	1024 /512	32768 /4096	56320 /4096	53248 /4096
计时、计数器	20	64	256	256	256	400	4096	20480	20480
数学运算功能	—	+,−, ×,÷	+,−, ×,÷	+,−, ×,÷	−,+, ×,÷, √	−,+, ×,÷, √	−,+, ×,÷, √	−,+, ×,÷, √	−,+, ×,÷, √
数字量输入/输出	15/9(最多50点)	任意组合(最多168点)	320/320	320/320	512	1023	2048	8192	8192
模拟量输入/输出	4	任意组合(最多168点)	任意组合(最多40点)	任意组合(最多40点)	128	1023	1024	8192	8192
智能输入/输出模块	√	√	√	√	√	√	√	√	√
远程输入/输出距离/m	√ 30	√ 1000	√ 1000	√ 1000		396	1000	1000 或 4000	1000 或 4000
TISTAR 过程控制监控系统	√	√	√	√	√	√	√	√	√
联网	√ 主网	√ 主网	√ 主网	√ 主网	√ TI通道	√ TI通道	√ TI通道	√ TI通道	√ TI通道
闭环回路控制	×	×	×	×	×	×	√	×	√

① 与 TI560CPU 一起用时。

3) 富士 NB0 系列 PLC 的技术性能 富士 NB0 系列 PLC 产品的主要技术性能见表 3-7 和表 3-8。

表 3-7 富士 NB0 系列 PLC 的通用性能

项 目	通 用 性 能
型号	NB0-P14□-AC NB0-P24□-AC
电源电压	AC 85~264V,50/60Hz
功耗	20V・A

续表

项 目	通 用 性 能
冲击电流	AC 100V 时为 30A
允许失电时间	20ms
服务电源	DC 24V、150mA(14 点型)/100mA(24 点型)
周围空气	无腐蚀性气体和过量灰尘
振动①	符合 JIS CO911 要求(汇点频率 57Hz,1g)
冲击①	符合 JIS CO912 要求(试验方法 1-No. 3)
绝缘强度/绝缘电阻	所有端子成组连接后对地,AC 1500V,1min,≥5MΩ(DC 500V 兆欧表)
抗干扰	峰—峰值电压为 1500V,上升时间为 1ns,脉宽为 1μs(噪声模拟器)
抗静电噪声	8kV
抗电涌	5kV,1.2×50μs
接地	接地电阻≤100Ω(如实施困难,亦可省去接地)

① 当单元装于导轨时,应小心避免冲击和振动。

表 3-8　富士 NB0 系列 PLC 的技术性能

型　号	NB0-P14□-AC		NB0-P24□-AC
控制方式	循环扫描,程序存储方式		
I/O 控制方式	批刷新处理		
编程语言	梯形图、助记符语言		
程序存储器容量	320 步		
I/O 点数①	14 点(8 输入点,6 输出点)		24 点(13 输入点,11 输出点)
指令数	顺序指令	23	
	数据指令	21	
执行速度	顺序指令	0.7~10.3μs/步	
	数据指令	4.9~56μs/步	
程序存储器	E²PROM,320 步		
数据存储器	CMOS-RAM		
I/O 继电器	24 点(8 输入点,16 输出点)		24 点(13 输入点,11 输出点)
辅助继电器	内部继电器	256 点	
	锁存继电器	256 点(64 点存于 EPROM)	
	特殊继电器	512 点	
定时器(增量 10ms)	32 点(32 字现行值寄存器)		
计数器(加计数)	32 点(32 字现行值寄存器,其中 4 字存于 E²PROM)		
寄存器	数据寄存器	32 字(其中 4 字存于 E²PROM)	
	特殊寄存器	64 字	
指针	16 点		
输入滤波时间	可选		
自诊断	程序存储器校核和监控定时器		

① 不能连接扩展单元。

4）欧姆龙 C 系列 PLC 的技术性能　欧姆龙 C 系列 PLC 产品的主要技术性能见表3-9～表 3-11。

表 3-9　欧姆龙 C 系列 PLC 的通用性能

项目				C2000H	C1000H (F)	C500 (F)	C200H	C120 (F)	C20H C28H	C40H	C60P (F)	C40P (F)	C20P(F) C28P(F)	C20
电源	额定使用电压			AC 100/200V 电压变换 DC 24V				DC 24V			AC 100～240V DC 24V			AC 100V AC 200V DC 24V
	电压变动范围			AC 100V, AC 85～132V; AC 200V, AC 170～264V; DC 24V, DC 20.4～26.4V; AC 100～240V, AC 85～264V										
	一次侧消耗电力	CPU装置用	AC	<150 V·A	<100 V·A		<50V·A	—			<60W			<25V·A
			DC	<55W	<50W		<30W	<20W			<40W			<20W
		I/O装置用	AC	<150 V·A	<100 V·A		<35V·A				<60V·A (C16P/C4K, <10W)			—
			DC	<55W	<50W		<16W	<20W			<20W			<20W
	容许瞬时断电时间			10ms 以下										
	额定频率			50/60Hz				—			50/60Hz			
	频率变动范围			±3Hz 以内, 47～63Hz				—			±3Hz 以内, 47～63Hz			
	绝缘电压			AC 外部端子和 CR 端子间 1.500V, AC 50/60Hz, 1min										
	绝缘电阻			AC 外部端子和 CR 端子间 5MΩ 以上 (DC 500V 兆欧表)										
	I/O 服务电源 DC 24V			0.8A				0.3A	0.1A	没有	0.3A			—
	耐噪声			噪声模拟 1000V 脉冲幅度 1μs										
	耐振动			10～25Hz, 双振幅 2mm, X、Y、Z 方向 2h										
	耐冲击			10g, X、Y、Z 各方向 3 次										
	接地			第 3 种接地										
	电池寿命（用户内存最大值）	25℃		>4 年	>5 年									
		60℃		>2 年	>3 年			>1.5 年			>1.7 年			>3 年
	电池交换时间			<5min	<3min						<1min			<5min
外观构造说明	构造			盘内藏型										
	外装色			5Y7/1										
	质量/kg	CPU装置		<10	<8	<6	<4	<1.2	<1.3	<2	<1.9	<2.2		<2.6
		I/O 增设装置		<8	<8	<6	<4	—	—		—	—		—
		I/O 单元		<0.8	<0.8	<0.3	<0.69	<1.0	<1.1	<2.4	<1.7	<2.0		<2.4

表 3-10　欧姆龙 C 系列 P/H 型 PLC 的技术性能

项目	型号	C20	C20P	C28P	C40P	C60P	C20H	C28H	C40H	C120	C500	C200H	C1000H	C2000H
结构		整体式								模块式				

续表

项目＼型号	C20	C20P	C28P	C40P	C60P	C20H	C28H	C40H	C120	C500	C200H	C1000H	C2000H
指令条数	27 条	37 条				130 条			68 条		145 条	174 条	
基本指令执行时间	4～17.5μs					0.75～2.25μs			5～10μs	2.5～5μs	0.75～2.5μs	0.4～2.4μs	
编程方式	梯形图												
编程容量	1194 地址					2878 地址			2.2K 地址	6.6K 地址	7K 地址	32K 地址	
I/O 点数	16/12～80/60	12/8～64/56				12/8～96/64			256 max	512 max	384 max	1024 max	2048 max
T/C 定时/计数器	48 个	48 个,高速计数 1 个				512 个			128 个		512 个		
IR 内部继电器	136 个					3472 个			459 个		3536 个	2928 个	1904 个
HR 保持继电器	160 个					1600 个			512 个		1600 个		
LR 链接继电器	无					1024 个			512 个		1024 个		
SR 特殊继电器	16 个					136 个			45 个		72 个	136 个	
TR 暂存继电器	8 个					8 个					8 个		
AR 辅助继电器	无					448 个			无		448 个		
DM 数据存储器	无	64 字				2000 字			512 字		1000 字	4096 字	6656 字
输入量	开关量					开关量					开关量、模拟量		
输出方式	继电器、晶闸管、晶体管										继电器、晶闸管、晶体管、D/A		
工作电源	AC 220V 或 DC 24V					DC 24V					AC 220V		

表 3-11　欧姆龙 C 系列 F/PF 型 PLC 的技术性能

项目＼型号	C1000HF	C500F	C120F	C60PF	C40PF	C28PF	C20PF
控制方式	存储程序方式						
输入/输出控制方式	每次刷新＋定时刷新	每次刷新方式					
程序方式	流程图←方式(SYSFLOW 语言)						
语句长度	1 步 1 命令 1～4 字/命令						
基本命令数	25	18		15			
应用命令数	87	53		24			
程序容量	32 千字	约 8 千字	4 千字	2302 字			
并列处理数	主控机＋128 组	主控机＋62 组		主控机＋64 组			

项目 　　　　　　　型号	C1000HF	C500F	C120F	C60PF	C40PF	C28PF	C20PF
标号数	10000 点	1024 点		512			
子程序数	1000 子程序	32 子程序		没有			
基本命令处理速度	10～15μs	52μs/步		55μs/1 命令（RAM58μs/1 命令） （ROM）			
最大输入/输出点数	1024 (2048)点	512 点	256 点	144 点	124 点	116 点	100 点
内部继电器　内部辅助继电器	2768 点	456 点		320 点			
内部继电器　特殊辅助继电器	304 点	56 点		32 点			
内部继电器　连接继电器(LR)	1024 点	512 点	512 点内部 辅助继电器	没有			
内部继电器　保持继电器 （HR）	1600 点	512 点		256 点			
内部继电器　辅助记忆继电器 （AR）	448	没有		没有			
内部继电器　定时器/计数器 （TIM. CNT）	512 点	128 点		64 点			

3.1.3 PLC 梯形图

梯形图是在原继电器控制电路图的基础上演变而来的，两者在符号和表示方法上有所区别。由于梯形图形象直观，且与传统的继电器控制电路互为对应，因此很容易被普通电气人员所掌握。

梯形图与继电器控制电路图有着本质的区别。继电器控制电路图由继电器、时间继电器和接触器等硬件和许多连接线组成，而梯形图使用的是 PLC 内部的"软继电器"和"软接线"，靠软件及编程实现控制。使用梯形图十分灵活方便，修改控制过程也非常方便。

另外，继电器控制电路图中最右侧一般是各种继电器线圈，而梯形图中最右侧必须连接输出元件，它可以是表示线圈的存储器"数"，也可以是计数器、定时器、中间继电器等内部元件。

继电器控制电路图中的线圈一般为并联，也可以串联，而梯形图中的输出元件只允许并联，不能串联。但梯形图的接点连接与继电器控制电路的触点一样，可以串联、并联和复联。

(1) 梯形图的基本符号

PLC 梯形图使用的基本图形符号见表 3-12。由于生产厂家不同，其表示符号也有所不同。

表中第 4 行表示一个常闭触点，当该点为逻辑"0"时，梯形图通；为逻辑"1"时，梯形图断。

表 3-12　梯形图使用的基本符号

名　　称	符　　号
母线	｜　　｜　　｜　｜　　｜
连线	——　---　｜　｜
常开触点	⊣⊢　)⊢
常闭触点	⊣/⊢　)/⊢　⊣/⊢
线圈	○　⬭　<>　( )
其他	▭　{ }⊢　▯　▯

表中第 5 行表示一个继电器线圈，当前面的条件通时，相当于线圈得电，该点输出逻辑"1"；当前面的条件断时，相当于线圈失电，该点输出逻辑"0"。

表中第 3 行表示一个常开触点，当该点为逻辑"1"时，梯形图通；为逻辑"0"时，梯形图断。

(2) 梯形图的绘制

采用梯形图进行编程需要一定的格式。每个梯形图都由多个梯级组成，每个输出元件可构成一个梯级，每个梯级可由多个支路组成，通常每个支路可容纳多个编程元件（不同机型有不同的数量限制），最右边的元件必须是输出元件。

编程时要一个梯级一个梯级按从上至下的顺序编制。梯形图两侧的竖线称作母线。梯形图的各种符号都要以左母线为起点，右母线为终点（通常省略右母线），从左向右逐个横向写入。输入不论是开关、按钮、行程开关、转换开关，还是继电器、接触器触点，在梯形图中只用常开触点或常闭触点表示，无须考虑其物理属性。

须指出，PLC 梯形图中的左右侧母线已失去电源意义，只是为了维持梯形图的形状而存在。因此，梯形图中的电流称为"虚拟电流"，并不是继电器控制电路中的物理电流。

现以继电器控制图 [图 3-5 (a)] 为例，画出 PLC 的梯形图 [图 3-5 (b)]。

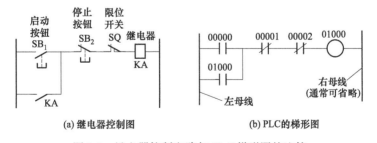

(a) 继电器控制图　　　　　(b) PLC 的梯形图

图 3-5　继电器控制电路与 PLC 梯形图的比较

在图 3-5 (b) 所示的梯形图中，当输入接点 00000 接通时，电流（虚拟电流）从梯形图左侧经过 00000 触点（闭合）、00001（常闭）、00002（常闭）和线圈 01000，使 01000 得电而工作，并使 01000 触点闭合自锁。可见使用 PLC 梯形图与使用继电器的控制过程大致相同。

3.1.4 PLC 的操作与基本指令

（1）PLC 的操作

各类 PLC 的操作键盘大同小异，都具有丰富的功能。面板上有液晶显示屏、ROM 写入器接口、存储器卡盒的接口、各种功能键、指令键、元件符号键、数字键等。以 FX-20P-E 型 PLC 为例，其操作键盘面板如图 3-6 所示。

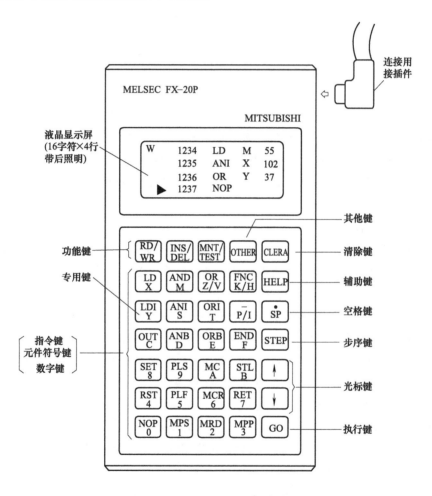

图 3-6　FX-20P-E 型的操作键盘面板

① **液晶显示屏**　它能同时显示 4 行，每行 16 个字符，在编程操作时，显示屏上显示的画面如图 3-7 所示。

液晶显示屏左上角的黑三角提示符是功能方式。

说明：R（read）——读出；W（write）——写入；I（insert）——插入；D（delete）——删除；M（monitor）——监视；T（test）——测试。

② **功能键**　RD/WR——读出/写入键；INS/DEL——插入/删除键；MNT/TEST——监视/测试键。三个功能键均为复用键，交替起作用。

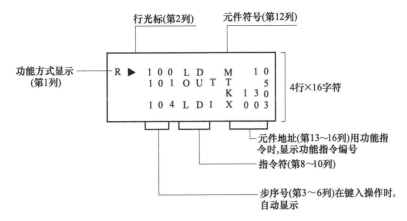

图 3-7　液晶显示屏

③ 执行键 GO　该键用于指令的确认、执行、显示画面和检索。

④ 清除键 CLEAR　如在按执行键前按此键，则清除键入的数据。该键也可以用于清除显示屏上的错误信息或恢复原来的画面。

⑤ 其他键 OTHER　在任何状态下按此键，将显示方式项目单菜单。安装 ROM 写入模块时，在脱机方式项目单上进行项目选择。

⑥ 辅助键 HELP　显示应用指令一览表。在监视时，进行十进制数和十六进制数的转换。

⑦ 空格键 SP　在输入时，用此键指定元件号和常数。

⑧ 步序键 STEP　用以设字步序号。

⑨ 光标键 ↑、↓　用此两键可移动光标和提示符，指定已指定元件前一个或后一个地址号的元件，作行滚动。

⑩ 指令键、元件符号键、数字键　每个键的上面为指令符号，下面为元件符号或数字。这些都是复用键。

(2) PLC 常用的基本指令

所谓指令，就是一些二进制代码（也称为机器码），告诉 PLC 要做什么，怎么去做。PLC 的指令包括两个部分：操作码和操作数。操作码（即指令）表示哪一种操作或运算，用符号 LD、OUT、AND、OR 等表示；操作数（即地址、数据）内包含执行该操作所必需的信息，告诉 CPU 用什么地方的东西来执行此操作，操作数用内部器件及其编号等来表示。

部分 PLC 产品的指令（助记符）见表 3-13。由于厂家不同，各指令的符号也有所不同。

表 3-13　部分 PLC 产品的常用指令（助记符）

操作性质	对应指令
取常开触点状态	LD、LOD、STR
取常闭触点状态	LDI、LDNOT、LODNOT、STRNOT、LDN
对常开触点逻辑与	AND、A
对常闭触点逻辑与	ANI、AN、ANDNOT、ANDN
对常开触点逻辑或	OR、O

续表

操 作 性 质	对 应 指 令
对常闭触点逻辑或	ORI、ON、ORNOT、ORN
对触点块逻辑与	ANB、ANDLD、ANDSTR、ANDLOD
对触点块逻辑或	ORB、ORLD、ORSTR、ORLOD
输出	OUT、=
定时器	TIM、TMR、ATMR
计数器	CNT、CT、UDCNT、CNTR
微分命令	PLS、PLF、DIFU、DIFD、SOT、DF、DFN、PD
跳转	JMP-JME、CJP-EJP、JMP-JEND
移位指令	SFT、SR、SFR、SFRN、SPTR
置复位	SET、RST、S、R、KEEP
空操作	NOP
程序结束	END
四则运算	ADD、SUB、MUL、DIV
数据处理	MOV、BCD、BIN
运算功能符	FUN、FNC

（3）PLC 应用系统开发流程

PLC 应用系统开发流程如图 3-8 所示。

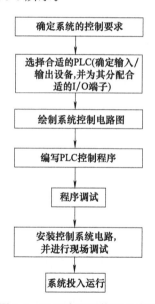

图 3-8　PLC 应用系统开发流程

3.2　PLC 控制电动机运转线路

3.2.1　PLC 控制电动机正向运转线路

PLC 控制电动机正向运转的线路及梯形图如图 3-9 所示。若 PLC 自带 DC 24V 电源，则外接 DC 24V 电压处短接。

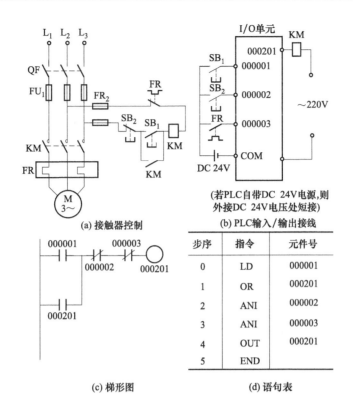

图 3-9　电动机正向运转线路及梯形图

工作原理：合上断路器，按下启动按钮 SB$_1$，端子 000001 经 DC 24V 电源与 COM 端连接，PLC 内的输入继电器 000001 得电吸合，其常开触点闭合。由于 PLC 内的输入继电器 000003 的常闭触点闭合（因热继电器 FR 的常开触点未闭合），PLC 内的输出继电器 000201 得电吸合并自锁，接触器 KM 得电吸合，电动机启动运转。

停机时，按下停止按钮 SB$_2$，端子 000002 经 DC 24V 电源与 COM 端连接，输入继电器 000002 得电吸合，其常闭触点断开，输出继电器 000201 失电释放，接触器 KM 失电释放，电动机停止运行。

如果电动机过载，热继电器动作，其常开触点闭合，端子 000003 经 DC 24V 电源与 COM 端连接，输入继电器 000003 得电吸合，其常闭触点断开，输出继电器 000201 失电释放，接触器 KM 失电释放，电动机停止运行，保护了电动机。

编程时（语句表）需注意，一般在 PLC 梯形图中，结束标志是 END。但有些软件在编程结束时，自动以 END 指令结束。对于这种情况，在程序结束位置就不能再编写 END 指令，否则也认为出错。

3.2.2　PLC 控制电动机正反向运转线路

PLC 控制电动机正反向运转的线路及梯形图如图 3-10 所示。

工作原理：合上断路器。正转时，按下正向启动按钮 SB$_1$，端子 000001 与 COM 连接，

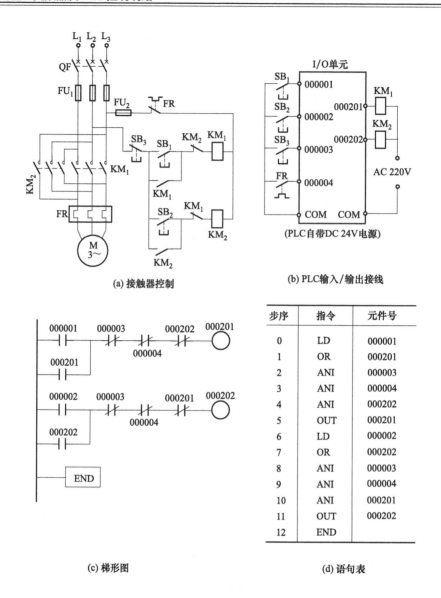

(a) 接触器控制

(b) PLC输入/输出接线

(PLC自带DC 24V电源)

(c) 梯形图

步序	指令	元件号
0	LD	000001
1	OR	000201
2	ANI	000003
3	ANI	000004
4	ANI	000202
5	OUT	000201
6	LD	000002
7	OR	000202
8	ANI	000003
9	ANI	000004
10	ANI	000201
11	OUT	000202
12	END	

(d) 语句表

图 3-10　电动机正反向运转线路及梯形图

输入继电器 000001 通过 PLC 内部 DC 24V 电源得电吸合，其常开触点闭合。由于 PLC 内的输入继电器 000004 的常闭触点闭合（因热继电器 FR 的常开触点未闭合），PLC 内的输出继电器 000201 得电吸合并自锁，接触器 KM_1 得电吸合，电动机正向启动运转。

反转时，按下反向启动按钮 SB_2，端子 000002、COM 连接，输入继电器 000002 得电吸合，其常开触点闭合，输出继电器 000202 得电吸合并自锁，接触器 KM_2 得电吸合，电动机反向启动运转。

正、反向运转通过 PLC 内部输出继电器 000201 和 000202 的常闭触点实现电气联锁。

停机时，按下停止按钮 SB_3，端子 000003、COM 连接，输入继电器 000003 的常闭触点断开，接触器 KM$_1$ 或 KM$_2$ 失电释放，电动机停止运行。

电动机过载时，热继电器 FR 的常开触点闭合，端子 000004、COM 连接，输入继电器 000004 的常闭触点断开，输出继电器 000201 或 000202 失电释放，接触器 KM$_1$ 或 KM$_2$ 失电释放，电动机停止运行。

3.2.3 PLC 控制两台电动机顺序启动线路

PLC 控制两台电动机顺序启动的线路如图 3-11 所示。要求只有电动机 M$_1$ 启动后，M$_2$ 才能启动。

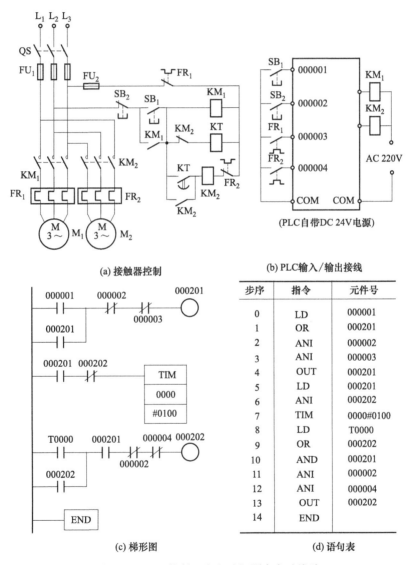

图 3-11 PLC 控制两台电动机顺序启动线路

工作原理：合上电源开关，按下启动按钮 SB$_1$、端子 000001、COM 连接，输入继电器 000001 通过 PLC 内部 DC 24V 电源得电吸合，输出继电器 000201 得电吸合并自锁，接触器

KM$_1$ 得电吸合，电动机 M$_1$ 启动运转。同时 000201 的常开触点闭合，定时器 T0000 开始计时，延时 10s 后，其常开触点闭合，输出继电器 000202 得电吸合并自锁，接触器 KM$_2$ 得电吸合，电动机 M$_2$ 启动运转。

停机时，按下停止按钮 SB$_2$，端子 000002、COM 连接，输入继电器 000002 的两常闭触点断开，输出继电器 000201 和 000202 均失电释放，接触器 KM$_1$、KM$_2$ 失电释放，电动机 M$_1$、M$_2$ 停止运行。

当电动机 M$_1$ 或 M$_2$ 过载时，端子 000003 或 000004 与 COM 连接，输入继电器 000003 或 000004 得电吸合，其常闭触点断开，000201 或 000202 失电释放，KM$_1$ 或 KM$_2$ 失电释放，电动机 M$_1$ 或 M$_2$ 停止运行。

3.2.4　PLC 控制电动机双向限位线路

PLC 控制电动机双向限位线路如图 3-12 所示。图中，SQ$_1$ 和 SQ$_2$ 是电动机正向运行限位开关和反向运行限位开关。

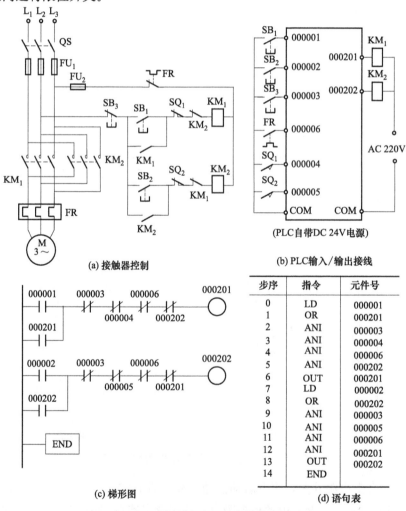

图 3-12　PLC 控制电动机双向限位控制线路

工作原理：合上电源开关，按下正向启动按钮 SB₁，端子 000001、COM 连接，输入继电器 000001 通过 PLC 内部 DC 24V 电源得电吸合，其常开触点闭合，输出继电器 000201 得电吸合并自锁，接触器 KM₁ 得电吸合，电动机正向运转，运行部件向前运行。当运行到预定位置时，装在运动部件上的挡块碰撞到限位开关 SQ₁，其常开触点闭合，端子 000004、COM 连接，输入继电器 000004 通过 PLC 内部的 DC 24V 电源得电吸合，其常闭触点断开，输出继电器 000201 失电释放，KM₁ 失电释放，电动机停止运转。

按下反向启动按钮 SB₂，输入继电器 000002 的常开触点闭合，输出继电器 000202 得电吸合并自锁，接触器 KM₂ 得电吸合，电动机反向运转，运行部件向后运行。当运行到预定位置时，限位开关 SQ₂ 的常开触点闭合，输入继电器 000005 得电吸合，其常闭触点断开，输出继电器 000202 失电释放，KM₂ 失电释放，电动机停止运转。

正反向运转通过输出继电器 000201 和 000202 的常闭触点实现电气联锁。

在电动机运行过程中需要停机时，按下停止按钮 SB₃，端子 000003、COM 连接，输入继电器 000003 得电吸合，其常闭触点断开，接触器 KM₁ 或 KM₂ 失电释放，电动机停止运行。

当电动机过载时，热继电器 FR 的常开触点闭合，输入继电器 000006 得电吸合，KM₁ 或 KM₂ 失电释放，电动机停止运行。

3.2.5　PLC 控制电动机延时启动和延时停机线路

要求：电动机按下启动按钮 2s 后，电动机启动运行；松开（再次按下）启动按钮后，运行 5s 自动停止运行。

控制线路如图 3-13 所示。设定时单位为 0.01s。

按钮 SB 采用自锁式按钮（又称锁扣按钮），常用型号有 LA32-ZS、LAY3-ZS 等。

梯形图控制程序说明：

按下启动按钮 SB，输入继电器 00001 常用触点断开，常开触点闭合，定时器 TIM000 开始 2s（♯200×0.01s）计时，延时 2s 后，TIM000 常开触点闭合，输出继电器 000201 得电吸合并自锁，接触器 KM 得电吸合，电动机启动运行；000201 常开触点闭合，为停机作好准备。

松开（再次按下）启动按钮 SB，输入继电器 00001 常开触点断开，定时器 TIM000 复位，其常开触点断开，常闭触点闭合，定时器 TIM001 开始 5s（♯500×0.01s）计时，延时 5s 后，TIM001 的常闭触点断开，输出继电器 000201 失电释放，其常开触点断开，接触器 KM 失电释放，电动机停止运行。

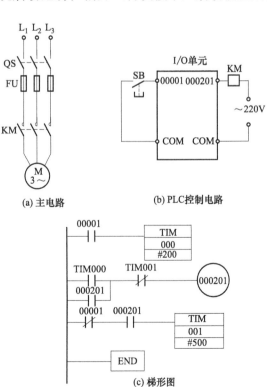

图 3-13　PLC 控制电动机延时启动和延时停机控制线路

第4章

LOGO! 控制线路

4.1 LOGO! 的特点与选用

4.1.1 LOGO! 的特点及构成

(1) LOGO! 的特点

LOGO! 是 Siemens（西门子）公司生产的通用逻辑模块，是替代烦琐继电器控制的全新产品。它集成以下元件和功能：

① 电源；

② 一个用于程序模块的接口和一根 PC 电缆；

③ 一个操作和显示单元；

④ 二进制指示器；

⑤ 控制功能；

⑥ 可调用的基本功能，这在实际应用中是经常遇到的，如接通和断开延时继电器和脉冲继电器功能等；

⑦ 时间开关；

⑧ 取决于设备类型的输入和输出。

LOGO! 模块内部集成 29 种功能，输入、控制和显示单元齐集于面板，输出电流最大可达 10A，外形尺寸为 72mm（或 126mm）×90mm×55mm。

LOGO! 运用自身的 29 种基本功能和特殊功能，通过编程和接线，将相应功能进行程序连接和组合，代替传统的开关、继电器等，完成接通、断开、延时等动作，实现对多种复杂系统的控制。例如：复杂的照明控制，橱窗、门的控制，暖通控制，工业生产过程控制等。

复杂的开关控制系统，只需动动手指，编编程，LOGO! 便可轻松办到。

(2) LOGO! 的基本构成

标准型 LOGO! 的结构如图 4-1 所示。

可提供 12V DC、24V DC、24V AC 和 230V AC 电源的 LOGO! 有以下几种：

① 标准型：6 输入，4 输出。

② 无显示型：6 输入，4 输出。

③ 模拟量型：8 输入，4 输出。

④ 加长型：12 输入，8 输出。

⑤ 总线型：12 输入，8 输出，增加了 AS；总线接口，通过总线系统的 4 个输入、4 个输出，进行数据传输。

LOGO! 型号包含以下特征信息：

① 12：12V DC 型。

② 24：24V DC/AC 型。

③ 230：115/230V AC 型。

④ R：继电器输出（无 R：晶体管输出）。

⑤ C：集成有实时时钟。

⑥ O：无显示型。

⑦ L：两倍数量的输入、输出站。

⑧ B_{11}：带 ASi 接口连接的从站设备。

LOGO! 的型号见表 4-1。

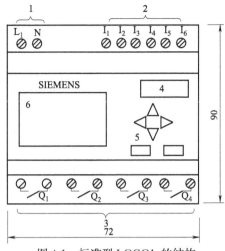

图 4-1 标准型 LOGO! 的结构

1—电源；2—输入；3—输出；4—带盖板的模块接口；5—控制面板（RCo 无）；6—LC1 显示屏（RCo 无）

(3) 不带键盘和显示装置的 LOGO! □RCo 系列的特点和特性

由于在操作过程中，有一些特殊的应用不需要操作单元诸如键盘和显示装置，因而开发了 LOGO! 12/24RCo 型、LOGO! 24RCo 型和 LOGO! 230RCo 型。其结构如图 4-2 所示。

表 4-1 LOGO! 的型号

类型	符 号	型 号	输 出		输出类型
标准型		LOGO! 12/24RC*	4×230V	10A	继电器
		LOGO! 24*	4×24V	0.3A	晶体管
		LOGO! 24RC(AC)	4×230V	10A	继电器
		LOGO! 230RC	4×230V	10A	继电器
无显示型		LOGO! 12/24RCo*	4×230V	10A	继电器
		LOGO! 24RCo(AC)	4×230V	10A	继电器
		LOGO! 230RCo	4×230V	10A	继电器
加长型		LOGO! 12RCL	8×230V	10A	继电器
		LOGO! 24L	8×24V	0.3A	晶体管
		LOGO! 24RCL	8×230V	10A	继电器
		LOGO! 230RCL	8×230V	10A	继电器
总线型		LOGO! 24RCLB11	8×230V	10A	继电器
		LOGO! 230RCLB11	8×230V	10A	继电器

注：*——带 2 路模拟量输入；R——继电器输出（无 R 为晶体管输出）；C——集成有实时时钟；o——无显示型；L——两倍数量的输入、输出站；B11——带 ASi（总线）接口连接的从站设备。

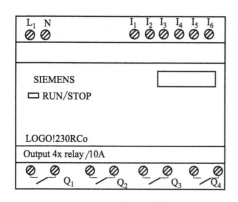

图 4-2 LOGO! □RCo 系列的结构

1）优点

① 较具有一个操作单元更为价格合理。

② 较通常的硬件要求更小的机柜空间。

③ 较分常式硬件设备更为灵活和便宜。

④ 应用时有利，可替代 2～3 个常规的开关装置。

⑤ 使用非常方便。

⑥ 与 LOGO! 的基本型兼容。

⑦ 无需操作单元的编程。

a. 在 PC 上用 LOGO! 软件生成程序并将程序传送至 LOGO!。

b. 安装程序是从 LOGO! 程序模块/卡传送至不带显示装置的 LOGO!

2）操作特性 当电源连接好时，LOGO! 就已准备好运行。可通过断开电源，例如拔掉插头，就可断开不带显示装置的 LOGO! 不能采用键的组合来设置 LOGO! RCo 型进行数据传送，同样地，程序也不可用键来停止或启动。LOGO! RCo 型已经修改了启动特性。

3）启动特性 如果插入了 LOGO! 程序模块/卡，在 LOGO! 已经接通后，已储存的程序就立即复制到装置上，这样就重写了存在的程序。

如果插入了 PC 电缆，当接通后，LOGO! 就自动地转为 PC←→LOGO! 方式。使用 PC 软件 LOGO! 轻松软件可从 LOGO! 读出程序或将它们储存到 LOGO!，如果在程序存储器中已经有一个有效的程序，则在电源接通后，LOGO! 将自动地从 STOP 传送至 RUN。

4）操作状态指示器 通过前盖上的 LED 指示操作状态，例如 Power On，RUN 和 STOP。

① 红色 LED：Power On/STOP。

② 绿色 LED：Power On/RUN。

在电源接通以后，只要 LOGO! 不在 RUN 方式，则红色 LED 给出指示。当 LOGO! 在 RUN 方式，则绿色 LED 给出指示。

4.1.2 LOGO! 的选择

LOGO! 的选择主要根据输入电压、电流，输出电压、电流，输入、输出点数，负载性质，保护功能等要求进行。各系列技术数据见表 4-2～表 4-5。

① LOGO! 230 系列的技术数据见表 4-2。

表 4-2 LOGO! 230 系列技术数据

参数 \ 型号	LOGO! 230RC LOGO! 230RCo	LOGO! 230RCL LOGO! 230RCLB11
电源		
输入电压	AC 115/230V	AC 115/230V

续表

参数 \ 型号	LOGO! 230RC LOGO! 230RCo	LOGO! 230RCL LOGO! 230RCLB11
允许范围	AC 85～253V	AC 85～253V
允许的主频率	47～63Hz	47～63Hz
耗电 AC 115V AC 230V	10～30mA 10～20mA	15～65mA 15～40mA
电压短路故障 AC 115V AC 230V	典型值 10ms 典型值 20ms	典型值 10ms 典型值 20ms
功率损失 AC 115V AC 230V	1.1～3.5W 2.3～4.6W	1.7～7.5W 3.4～9.2W
25℃时时钟缓冲	典型值 80h	典型值 80h
实时时钟的精度	最大±5s/天	最大±5s/天
数字量输入		
点数	6	12
电气隔离	无	无
输入电压 L_+ 信号 0 信号 1	＜AC 40V ＞AC 79V	＜AC 40V ＞AC 79V
数字量输入		
输入电流 信号 0 信号 1	＜0.03mA ＞0.08mA	＜0.03mA ＞0.08mA
延迟时间 由 1 变 0 由 0 变 1	典型值 50ms 典型值 50ms	典型值 50ms 典型值 50ms
线长度(非屏蔽)	100m	100m
数字量输出		
点数	4	8
输出类型	继电器输出	继电器输出
电气隔离	有	有
每组点数	1	2
数字量输入作用	有	有
连续电流 I_{th}(每个连接器)	最大 10A	最大 10A
白炽灯负载(25000 次开关循环) AC 230/240V AC 115/120V	1000W 500W	1000W 500W
荧光灯带电气控制装置 (25000 次开关循环)	10×58W (在 AC 230/240V)	10×58W (在 AC 230/240V)
荧光灯管,有常规补偿 (25000 次开关循环)	1×58W (在 AC 230/240V)	1×58W (在 AC 230/240V)
荧光灯管,无补偿 (25000 次开关循环)	10×58W (在 AC 230/240V)	10×58W (在 AC 230/240V)

续表

参数 \ 型号	LOGO! 230RC LOGO! 230RCo	LOGO! 230RCL LOGO! 230RCLB11
短路保护 cos1	电源保护 B16 600A	电源保护 B16 600A
数字量输出		
短路保护 cos0.5～cos0.7	电源保护 B16 900A	电源保护 B16 900A
输出并联以增加功率	不允许	不允许
输出继电器保护(如需要)	最大 16A	最大 16A
	特性 B16	特性 B16
开关速率		
机械	10Hz	10Hz
电阻负载/灯负载	2Hz	2Hz
感性负载	0.5Hz	0.5Hz
ASi 从接口(仅 LOGO! 230RCLB11)		
ASi 行规 I/O 配置 ID 码	—	7.F 7h F_h
虚拟输入点数	—	4
虚拟输出点数	—	4
电源	—	ASi 电源单元
功耗	—	典型值 30mA
电气隔离	—	有
反极性保护	—	有

② LOGO! 24 系列的技术数据见表 4-3。

表 4-3 LOGO! 24 系列技术数据

参数 \ 型号	LOGO! 24	LOGO! 24RC LOGO! 24RCo
电源		
输入电压	DC 24V	AC 24V
允许范围	DC 20.4～28.8V	AC 20.4～26.4V
DC 24V 时的耗电	10～20mA	15～120mA
电压故障桥接	—	典型值 5ms
24V 时的功耗	0.2～0.5W	AC 0.3～1.8W
25℃时时钟缓冲	—	典型值 80h
实时时钟精度	—	最大±5s/天
数字量输入		
点数	6	6
电气隔离	无	无
输入电压 L_+ 0 信号 1 信号	 <DC 5V >DC 8V	 <AC/DC 5V >AC/DC 12V

续表

参数＼型号	LOGO! 24	LOGO! 24RC LOGO! 24RCo
输入电流		
0 信号	$<0.3mA(I_1{\sim}I_6)$ $<0.05mA(I_7{\sim}I_8)$	$<1.0mA$
1 信号	$>1.0mA(I_1{\sim}I_6)$ $>0.1mA(I_7{\sim}I_8)$	$>2.5mA$
延迟时间 由 1 变 0 由 0 变 1	典型值 1.5ms 典型值 1.5ms	典型值 1.5ms 典型值 1.5ms
线长度(非屏蔽)	100m	100m
模拟量输入		
点数	$2(I_7, I_8)$	—
范围	DC 0～10V	—
数字量输出		
点数	4	4
输出类型	晶体管,电流源	继电器输出
电气隔离	无	有
成组数	—	1
数字量输入作用	有	—
输出电压	电源电压	—
输出电流	最大 0.3A	—
持续电流 I_{th}	—	最大 10A
荧光灯负载 (25000 次开关循环)	—	1000W
荧光灯管有电气控制装置 (25000 次开关循环)	—	10×58W
荧光灯管,有常规补偿 (25000 次开关循环)	—	1×58W
荧光灯管,无补偿 (25000 次开关循环)	—	10×58W
短路保护和过载保护	有	—
短路电流限制	约 1A	—
额定值降低	整个温度范围内不降低额定值	—
短路保护 cos1	—	电源保护 B16 600A
短路保护 cos0.5～cos0.7	—	电源保护 B16 900A
输出并联以增加功率	不允许	不允许
输出继电器保护(如需要)	—	最大 16A　特性 B16
开关频率		
机械	—	10Hz
电气	10Hz	—
阻性负载/灯负载	10Hz	2Hz
感性负载	0.5Hz	0.5Hz

③ LOGO！12 系列的技术数据见表 4-4。

表 4-4　LOGO！12 系列技术数据

参数 \ 型号	LOGO！12RCL	LOGO！12/24RC LOGO！12/24RCo
电源		
输入电压	12V DC	12/24V DC
允许范围	10.8～15.6V DC	10.8～15.6V DC 20.4～28.8V DC
耗电	10～165mA(12V DC)	10～120mA(12/24V DC)
电压故障桥接	典型值 5ms	典型值 5ms
12V DC 时的功耗	0.1～2.0W(12V DC)	0.1～1.2W(12/24V DC)
25℃时时钟缓冲	典型值 80h	典型值 80h
实时时钟精度	最大±5s/天	最大±5s/天
电气隔离	无	无
反极性保护	有	有
数字量输入		
点数	12	8
电气隔离	无	无
数字量输入		
输入电压 L_+ 0 信号 1 信号	<4V DC >8V DC	<5V DC >8V DC
输入电流 0 信号 1 信号	<0.5mA >1.5mA	<1.0mA >1.5mA
延迟时间 由 0 变 1 由 1 变 0	典型值 1.5ms 典型值 1.5ms	典型值 1.5ms 典型值 1.5ms
线路长度(非屏蔽)	100m	100m
模拟量输入		
点数	—	$2(I_7, I_8)$
范围	—	0～10V DC
数字量输出		
点数	8	4
输出类型	继电器输出	继电器输出
电气隔离	有	有
成组数	2	1
数字量输入作用	有	有
输出电压	—	—
输出电流	—	—
持续电流 I_{th}(每个连接器)	最大 10A	最大 10A
白炽灯负载 (25000 次开关循环)	1000W	1000W

续表

参数 型号	LOGO! 12RCL	LOGO! 12/24RC LOGO! 12/24RCo
数字量输出		
荧光灯管有电气控制装置 (25000 次开关循环)	10×58W	10×58W
荧光灯管,有补偿 (25000 次开关循环)	1×58W	1×58W
荧光灯管,无补偿 (25000 次开关循环)	10×58W	10×58W
短路保护和过载保护	—	—
短路电流限制	—	—
额定值降低	在整个温度范围内不降低额定值	—
短路保护 cos1	电源保护 B16 600A	电源保护 B16 600A
短路保护 cos0.5~cos0.7	电源保护 B16 900A	电源保护 B16 900A
输出并联以增加功率	不允许	不允许
输出继电器保护(如需要)	最大 16A,特性 B16	最大 16A,特性 B16
开关速率		
机械	10Hz	10Hz
电气	—	—
电阻负载/灯负载	2Hz	2Hz
感性负载	0.5Hz	0.5Hz

④ LOGO! Contact 24/230 系列的技术数据见表 4-5。

表 4-5　LOGO! Contact 24/230 系列技术数据

参数 型号	LOGO! Contact 24	LOGO! Contact 230
工作电压	24V DC	230V AC:50/60Hz
开关容量		
使用类型 AC-1 开关电阻负载,在 55℃ 400V 时的工作电流 400V 时的三相负载输出	85~264V (小于 93V 时额定值降低) 20A 13kW	
使用类型 AC-2,AC-3 带滑差或笼型电动机 400V 时工作电流 400V 时的三相负载输出	85~264V (小于 93V 时额定值降低) 8.4A 4kW	
短路保护 指定类型 1 指定类型 2	 25A 10A	

续表

参数 型号	LOGO! Contact 24	LOGO! Contact 230
连接负载	带有线端套圈的细绞合线 单芯线 $2×(0.75\sim2.5)mm^2$ $2×(1\sim2.5)mm^2$ $1×4mm^2$	
尺寸($W×H×D$)	36mm×72mm×55mm	
环境温度	$-25\sim+55℃$	
存储温度	$-50\sim+80℃$	

4.1.3　LOGO! 的使用

(1) LOGO! 对工作环境等的要求

LOGO! 只有在规定的环境中才能安全可靠地工作。LOGO! 的运行环境条件规定如下：

① 环境温度：0～55℃。

② 存储/运输：－40～＋70℃。

③ 相对湿度：5％～95％，不结露。

④ 大气压：79.5～108kPa。

⑤ 污染物质：SO_2 $10cm^3/m^3$，4 天；

　　　　　　H_2S $1cm^3/m^3$，4 天。

⑥ 保护类型：IP20。

⑦ 振动：10～57Hz（恒幅 0.15mm）；

　　　　57～150Hz（恒加速度 $2g$）。

⑧ 冲击：18 次冲击（半正弦 $15g$/11ms）。

⑨ 坠落：坠落高度 50mm；

　　带包装自由落体：1m。

⑩ 电磁场：场强 10V/m。

(2) LOGO! 的安装和接线要求

当 LOGO! 安装和接线时，应符合以下要求：

① 应根据总的电流量采用适当截面面积的导线。可采用 $1.5mm^2$ 和 $2.5mm^2$ 的导线连接 LOGO!。连接线不需要导线终端的线鼻子。

② 不要将连接器拧得太紧，最大转矩为 $0.5N·m$。

③ 连接线距离要尽可能短。若必须采用较长的导线，则应采用屏蔽电缆，以防止干扰，造成 LOGO! 误动作。

④ 交流（AC）导线和高压直流（DC）导线应与低压信号导线隔离。

⑤ 对可能受雷击及过电压影响的导线要有适当的过电压保护措施。

⑥ LOGO! 必须安装在宽度为 35mm 的导轨上。

⑦ LOGO! 自身有绝缘保护，故不需要接地（接零）。

⑧ 若将 LOGO! 安装在分线盒或控制柜内，要保证连接器有外罩。否则就有触电的危险。

LOGO! 12/24 可由熔丝保护，熔丝额定电流可按以下选择。12/24RC：0.8A；24：2A；24L：3A。

(3) 使用 LOGO! 的 4 个黄金规则

1）三键控制

① 在编程模式下输入线路。同时按"◄""►"和"OK"键，即进入编程模式。

② 在参数化模式下可以改变时间和参数值。同时按"ESC"和"OK"键，即进入参数化模式。

2）输出和输入

① 编程中，输入线路时总是从输出到输入。

② 可将一个输出连接到多个输入，但不可将从个输出连接到一个输入。

③ 在一个程序路径内不可将输出连接到前驱输入。在这种情况下需插入标志或输出（递归）。

3）光标和光标移动　输入线路时有以下规定：

① 当光标以下划线"—"的形式出现时，可以移动光标。

a. 用"◄""►""▼"和"▲"四个键在线路中移动光标。

b. 按"OK"键选择连接器/功能块。

c. 按"ESC"键退出线路输入。

② 当光标以实心方块"■"形式出现时，可选择连接器/功能块。

a. 用"▼"和"▲"键选择连接器/功能块。

b. 按"OK"键确认选择。

c. 按"ESC"键返回到上一步。

4）设计　在输入线路前，总是需要在图纸上画出完整的线路图，或者直接使用 LOGO! 轻松软件编制 LOGO! 程序。

LOGO! 只能存储完整的程序。如输入一个不完整的程序，则 LOGO! 不能退出编程状态。

4.1.4 LOGO! 的功能及编程

(1) LOGO! 的基本功能

基本功能为布尔代数中的简单基本操作连接。根据不同的输入线路，可在基本功能表中找到相应的基本功能块，LOGO! 的基本功能见表 4-6。

(2) 基本功能详解

① AND（与）　只有所有输入的状态均为 1 时，输出（Q）的状态才为 1（即输出闭合）。

表 4-6　LOGO！的基本功能

线路图的表达	LOGO！中的表达	基本功能
 常开触点串联	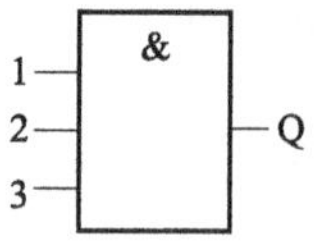 1 2 3 & → Q	AND（与）
	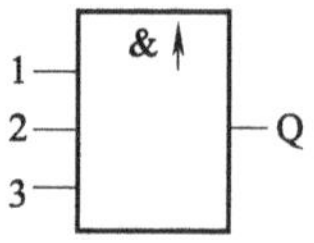 1 2 3 &↑ → Q	AND 带 RLO 边缘检查
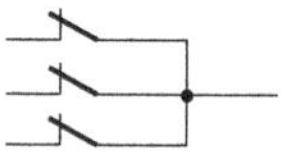 常闭触点并联	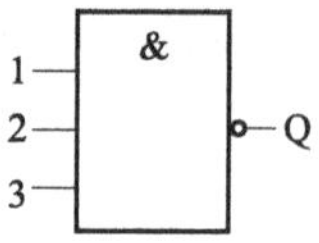 1 2 3 & → ○Q	NAND（与非）
	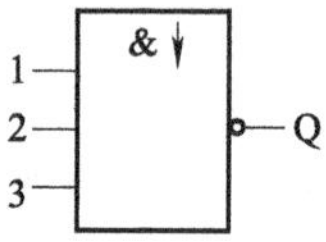 1 2 3 &↓ → ○Q	NAND 带 RLO 边缘检查
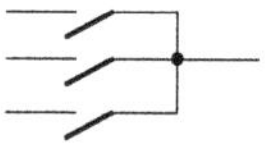 常开触点并联	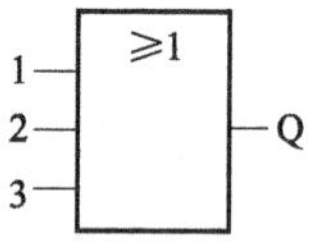 1 2 3 ≥1 → Q	OR（或）
 常闭触点串联	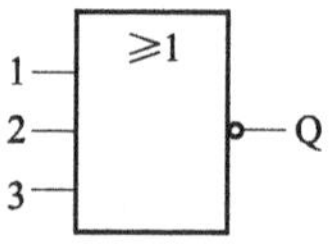 1 2 3 ≥1 → ○Q	NOR（或非）
 双换向触点	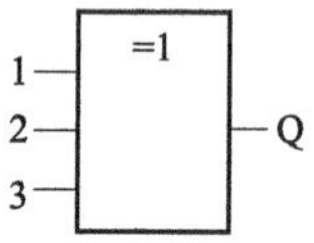 1 2 3 =1 → Q	XOR（异或）
反相器	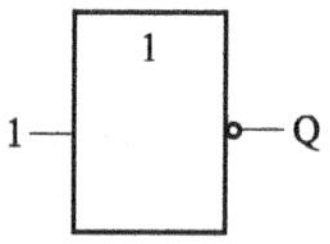 1 1 → ○Q	NOT（非，反相器）

如果该功能块的一个输入引线未连接（X），则将该输入赋为：X＝1。

AND 的逻辑表见表 4-7。

表 4-7　AND 的逻辑表

1	2	3	Q	1	2	3	Q
0	0	0	0	1	0	0	0
0	0	1	0	1	0	1	0
0	1	0	0	1	1	0	0
0	1	1	0	1	1	1	1

② AND 带 RLO 边缘检查　只有当所有输入的状态为 1，以及在前一个周期中至少有

一个输入的状态为 0 时，该 AND 带 RLO 边缘检查的输出状态才为 1。

如果该功能块的一个输入引线未连接（X），则将该输入赋为：X＝1。

AND 带 RLO 边缘检查的时间图如图 4-3 所示。

③ NAND（与非）　只有当所有输入的状态均为 1（即闭合），其输出（Q）才能为状态 0。

如果该功能块的一个输入引线未连接（X），则将该输入赋为：X＝1。

NAND 的逻辑表见表 4-8。

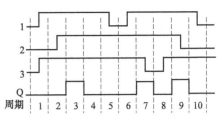

图 4-3　AND 带 RLO 边缘检查的时间图

表 4-8　NAND 的逻辑表

1	2	3	Q	1	2	3	Q
0	0	0	1	1	0	0	1
0	0	1	1	1	0	1	1
0	1	0	1	1	1	0	1
0	1	1	1	1	1	1	0

④ NAND 带 RLO 边缘检查　只有当至少有一个输入的状态为 0，以及在前一个周期中所有输入的状态都为 1 时，该 NAND 带 RLO 边缘检查的输出状态才为 1。

如果该功能块的一个输入引线未连接（X），则将该输入赋为：X＝1。

NAND 带 RLO 边缘检查的时间图如图 4-4 所示。

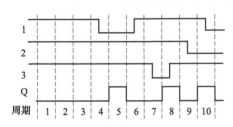

图 4-4　NAND 带 RLO 边缘检查的时间图

⑤ OR（或）　输入至少有一个为状态 1（即闭合），则输出（Q）为 1。

如果该功能块的一个输入引线未连接（X），则将该输入赋为：X＝0。

OR 的逻辑表见表 4-9。

⑥ NOR（或非）　只在所有输入均断开（状态 0）时，输出才接通（状态 1）。

如任意一个输入接通（状态 1），则输出断开（状态 0）。

如果该功能块的一个输入引线未连接（X），则将该输入赋为：X＝0。

NOR 的逻辑表见表 4-10。

⑦ XOR（异或）　当输入的状态不同时，XOR 的输出状态为 1。

表 4-9　OR 的逻辑表

1	2	3	Q
0	0	0	0
0	0	1	1
0	1	0	1
0	1	1	1
1	0	0	1
1	0	1	1
1	1	0	1
1	1	1	1

表 4-10　NOR 的逻辑表

1	2	3	Q
0	0	0	1
0	0	1	0
0	1	0	0
0	1	1	0
1	0	0	0
1	0	1	0
1	1	0	0
1	1	1	0

如果该功能块的一个输入引线未连接（X），则将该输入赋为：X＝0。

XOR 的逻辑表见表 4-11。

表 4-11　XOR 的逻辑表

1	2	Q	1	2	Q
0	0	0	1	0	1
0	1	1	1	1	0

⑧ NOT（非，反相器）　输入状态为 0，则输出（Q）为 1，反之亦然。换句话说，NOT 是输入点的反相器。

NOT 的优点是，例如 LOGO! 不再需要任何常闭触点，只需要常开触点，因应用 NOT 功能可将常开触点反相为常闭触点。

NOT 的逻辑表见表 4-12。

表 4-12　NOT 的逻辑表

1	Q	1	Q
0	1	1	0

(3) LOGO! 的特殊功能

当向 LOGO! 输入程序时，可在特殊功能表中找到特殊功能块。表 4-13 中列出了部分特殊功能在线路图和 LOGO! 中的对照表以及该功能可否设置成掉电保持（Re）。

表 4-13　LOGO! 的特殊功能（部分）

线路图表示	LOGO! 中的表示	特殊功能说明	Re
		接通延时	
		断开延时	
		通/断延时	
		保持接通延时继电器	Re
		RS 触发器	Re

线路图表示	LOGO! 中的表示	特殊功能说明	Re
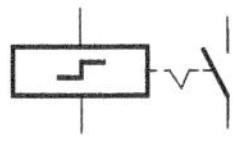	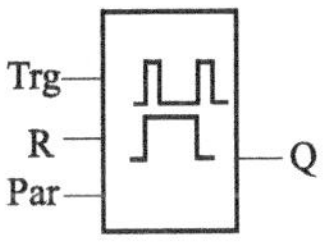 Trg R Par — Q	脉冲触发器	
	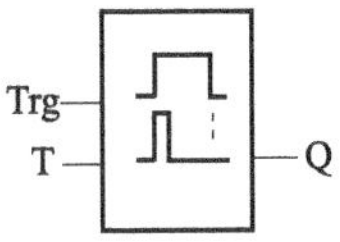 Trg T — Q	脉冲继电器/脉冲输出	
	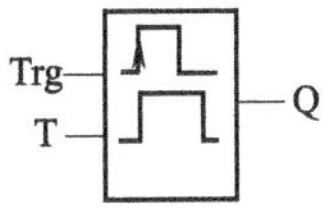 Trg T — Q	边缘触发延时继电器	
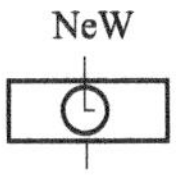 NeW	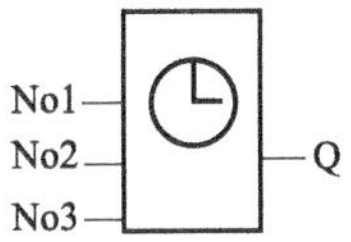 No1 No2 No3 — Q	时钟	
	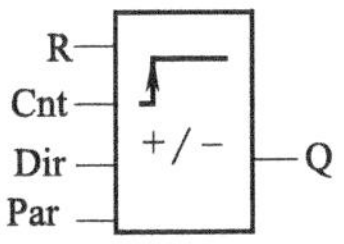 R Cnt Dir Par — Q	加/减计数器	

表 4-13 中的各种输入说明如下：

① 输入接线。输入可以接到其他功能块，也可以接到 LOGO! 设备中的输入端。

S（置位）——S 输入允许将输出置位为 "1"；

R（复位）——R 复位输入的优先权比其他输入的优先权高，并将输出断开为 "0"；

Trg（触发器）——用此输入启动一个功能的执行；

Cnt（计数）——输入端记录计数脉冲值；

Dir（方向）——利用此输入信号设置计数器的计数方向（举例）。

② 特殊功能输入端的连接器 X。如果将特殊功能输入信号接到连接端口 X，这些输入信号将被置为 0 值信号，即一个低值信号被施加到输入端。

③ 参数输入。有些输入不需要施加信号，对功能块使用定值进行参数化即可。

Par（参数）——输入无连接线，用于功能块的参数设定；

No（数值）——输入无连接线，用于设置时间基值。

关于时间参数 T：使用一些特殊功能在设置时间时，要根据以下时间基值写入时间参数值。

时间基值	_ _ : _ _
s（秒）	秒:0.01 秒
min（分）	分:秒
h（小时）	小时:分

如 $\boxed{\begin{array}{l} \text{B01}: T \\ T=04.10\text{h}+ \end{array}}$ 即为 $4.00\text{h}(240\text{min})+0.10\text{h}(6\text{min})=246\text{min}$。

[**注意**] 定义的时间 T 应满足 $T \geqslant 0.10\text{s}$，因为没有对 $T=0.05\text{s}$ 和 $T=0.00\text{s}$ 的时间 T 的定义。

T 的精度：所有的电子元件都有细微的误差，因此设置时间（T）会产生偏差。在 LOGO! 中，最大的偏差为 1%。如：1h 的偏差为 $\pm 36\text{s}$；1min 的偏差为 $\pm 0.6\text{s}$。

计时开关的精度：为了保证偏差不会导致 C 型 LOGO! 计时开关运行不准确，计时开关定期和一个高精度时间基准相比较并作相应的调整，以此保证每天最大的时间误差为 $\pm 5\text{s}$。

除了表 4-13 中介绍的特殊功能外，还有日历触发开关、运行时间计时器、对称时钟脉冲发生器、异步脉冲发生器、随机发生器、频率发生器、模拟量触发器、模拟量比较器、楼梯照明开关、双功能开关、文本/参数显示等。

(4) 常用特殊功能详解

1）接通延时。在接通延时的情况下，输出在定义的时间段结束后置位，见表 4-14。

表 4-14　接通延时

LOGO! 的符号	接　线	说　　　明
Trg—⌐⎍⌐—Q T—	Trg 输入	由（Trg 触发）输入启动接通延时继电器的启动时间
	T 参数	T 时间后，输出接通（输出信号由 0 变 1）
	Q 输出	如触发信号仍存在，当时间 T 到后，输出接通

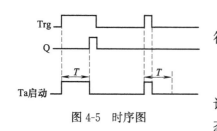

图 4-5　时序图

时序图如图 4-5 所示。图中加粗部分为接通延时的符号。

功能说明：

当 Trg 输入的状态从 0 变为 1 时，定时器 Ta 开始计时（Ta 为 LOGO! 内部定时器），如 Trg 输入保持状态 1 至少为参数 T 时间，则经过定时时间 T 后，输出设置为 1（输入接通到输出接通之间有时间延迟，故称为接通延时）。

如 Trg 输入的状态在定时时间到达之前变为 0，则定时器复位。

当 Trg 输入为状态 0 时，输出复位为 0。

电源故障时，定时器复位。

2）断开延时。在断开延时的情况下，输出在定义的时间段结束后复位，见表 4-15。

表 4-15　断开延时

LOGO! 中的符号	接　线	说　　　明
Trg—⌐⎍⌐—Q R— T—	Trg 输入	在 Trg 输入（触发器）的下降沿（从 1 变 0）启动断开延时定时器
	R 输入	通过 R（复位输入），复位断开延时继电器的定时并将输出设置为 0
	T 参数	输出经历 T 时间后输出断开（输出信号从 1 变为 0）
	Q 输出	Trg 输入接通，则输出 Q 接通；Trg 输入断开，输出 Q 保持接通状态到定时时间 T 到达后断开

时序图如图 4-6 所示。图中加粗部分为断开延时的符号。

功能说明：

图 4-6　时序图

当 Trg 输入接通为状态 1，输出（Q）立即变为状态 1。如 Trg 输入从 1 变为 0，LOGO! 内部定时器 Ta 启动，输出（Q）仍保持为状态 1，Ta 时间到达设置值（Ta＝T），则输出（Q）复位为 0。

如 Trg 输入再次从接通到断开，则定时器再次启动。在定时 Ta 时间到达之前，通过 R（复位）输入可复位定时器和输出。

电源故障时，定时器复位。

3）通/断延时。在通/断延时情况时，输出在参数化时间之后置位并在参数化时间周期到达之后复位，见表 4-16。

表 4-16　通/断延时

LOGO! 中的符号	接　线	说　　明
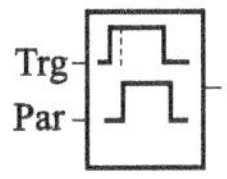 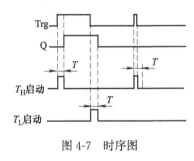	Trg 输入	Trg 输入（触发器）的上升沿（从 0 变 1）接触延时启动时间 T_H。下降沿（从 1 变 0）断开延时启动时间 T_L
	Par 参数	T_H 在它之后输出接通（输出信号从 0 变 1）；T_L 在它之后输出断开（输出信号从 1 变 0）
	Q 输出	如果 Trg 仍处于设置状态，在参数化时间 T_H 到达之后，Q 接通，在时间 T_L 到达之后，如果在其间 Trg 尚未重新设置，则 Q 断开

时序图如图 4-7 所示。图中加粗部分为通/断延时的符号。

图 4-7　时序图

功能说明：

当 Trg 输入的状态由 0 变 1 时，定时器 T_H 启动。

如果 Trg 输入的状态至少在 T_H 时间内保留为 1 时，T_H 到达之后，输出设置为 1（输入接通到输出接通之间有时间延迟）。

如果 Trg 输入的状态至少在定时 T_H 到达之前变为 0，则定时器复位。

当输入的状态变为 0 时，定时器 T_L 启动。

如果 Trg 输入的状态在 T_L 时间内保留为 0 时，T_L 到达之后，输出设置为 0（输入断开到输出断开之间有时间延迟）。

如果在定时 T_L 到达之前，Trg 输入的状态返回到 1 状态，则时间复位。

电源故障时，定时器复位。

4）保持接通延时继电器。在一个输入脉冲之后，输出经定时周期后置位，见表 4-17。

表 4-17　保持接通延时继电器

LOGO! 中的符号	接　线	说　　明
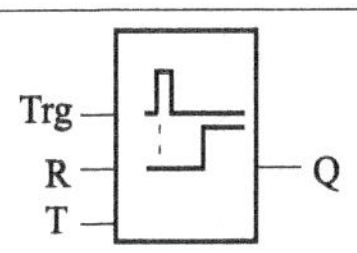	Trg 输入	通过 Trg（触发器）输入启动接通延时的定时
	R 输入	通过 R（复位）输入复位接通延时的定时和设置输出为 0
	T 参数	在时间 T 后，输出 Q 接通（输出状态由 0 变换为 1）
	Q 输出	延时 T 后，输出接通

时序图如图 4-8 所示。图中加粗部分为保持接通延时继电器的符号。

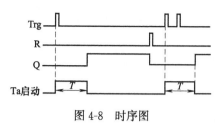

图 4-8 时序图

功能说明：

如 Trg 输入的状态从 0 变为 1，定时器 Ta 启动，当 Ta 到达时间 T，输出（Q）置位为 1，Trg 输入的另一个开关操作（即从 1 变为 0）对 Ta 没有影响。直到 R 输入再次变为 1，输出（Q）和定时器 Ta 才复位为 0。

电源故障时，Ta 被复位。

5）RS 触发器。输出 Q 由输入 S 置位，由输入 R 复位，见表 4-18。

表 4-18　RS 触发器

LOGO! 中的符号	接线	说　明
S、R、Par—RS—Q	R 输入	R 输入（复位）将输出（Q）复位为 0，如 S 和 R 同时为 1，则输出（Q）为 0
	S 输入	S 输入（置位）将输出（Q）置位为 1
	Par 参数	该参数用于接通或断开掉电保持功能。Rem：激活掉电保持功能：off=无掉电保持性；on=状态可以被存储
	Q 输出	当 S 接通时，Q 接通并保持一直到 R 输入置位才复位

时序图如图 4-9 所示。

开关特性：

锁定继电器是简单的二值存储单元，输出值取决于输入的状态和原来输出的状态。其逻辑表见表 4-19。

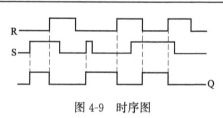

图 4-9　时序图

表 4-19　逻辑表

S_n	R_n	Q	注
0	0	×	状态保持为原数值
0	1	0	复位
1	0	1	置位
1	1	0	复位（复位优先级高于置位）

如果掉电保持特性被接通，则在电源故障后，故障前的有效信号设置在输出端。

6）脉冲触发器。输出由输入的一个短脉冲进行置位和复位，见表 4-20。

表 4-20　脉冲触发器

LOGO! 中的符号	接线	说　明
Trg、R、Par—Q	Trg 输入	用 Trg 输入（触发器）使输出接通和断开
	R 输入	使用 R 输入（复位）复位脉冲触发器和将输出设置为 0
	Par 参数	该参数用于接通或断开掉电保持功能。Rem：激活掉电保持功能：off=无掉电保持性；on=状态可以被存储起来
	Q 输出	触发后，输出保持接通为时间 T

时序图如图 4-10 所示。图中加粗部分为脉冲触发器的符号。

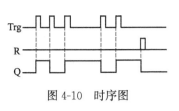

图 4-10　时序图

功能说明：

每次 Trg 输入的状态从 0 变为 1，输出（Q）的状态随之改变（即接通或断开）。

通过 R 输入将脉冲触发器复位为初始状态即输出设置为 0。

电源故障后，如果未接通掉电保持功能，则电流脉冲继电器置位，输出 Q 变为 0。

7）脉冲继电器/脉冲输出。一个输入信号在输出端产生一个可定义长度的区间信号，见表 4-21。

表 4-21　脉冲继电器/脉冲输出

LOGO! 的符号	接　线	说　　明
Trg ─ ⎍ ─ Q T ─	Trg 输入	通过 Trg(触发器)输入启动脉冲继电器/脉冲输出的时间
	T 参数	经时间 T 后输出断开(输出信号从 1 到 0)
	Q 输出	Trg 接通后 Q 接通，经过延时时间 T 后 Q 断开

时序图如图 4-11 所示。图中加粗的部分为脉冲继电器/脉冲输出的符号。

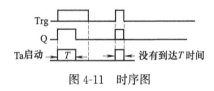

图 4-11　时序图

功能说明：当 Trg 输入为状态 1，Q 输出立即为状态 1，同时定时器 Ta 启动而输出保持为 1，当 Ta 到达 T 值（Ta＝T），输出复位为 0（脉冲输出）。

如在时间 T 到达前，Trg 输入由 1 变为 0，则输出立即从 1 变为 0。

8）边缘触发延时继电器。输入信号在输出时段产生参数化的信号，见表 4-22。

表 4-22　边缘触发延时继电器

LOGO! 的符号	接　线	说　　明
Trg ─ ⎍ ─ Q T ─	Trg 输入	Trg 输入(触发器)启动边沿触发内部延时继电器的工作
	T 参数	T 为输出由 on 变为 off 的时间间隔(输出信号由 1 变为 0)
	Q 输出	当 Trg 为 on 时，Q 立即为 on，Q 开关保持 on，直到延时 T 时间后断开

时序图如图 4-12 所示。图中加粗部分为边缘触发延时继电器的符号。

功能说明：

当 Trg 输入接通状态为 1，输出（Q）立即变为状态 1，同时 Ta 启动运行。如果 Ta 到达规定时间 T（Ta＝T），输出 Q 复位为 0（脉冲输出）。

如果在设置时间内（再次触发），Trg 输入再次从 0 变为 1，Ta 则复位，输出 Q 保持 on。

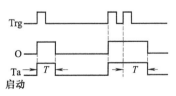

图 4-12　时序图

9）时钟。通过定义开/关的日期来控制输出的状态；支持一周时间的任何状态的组合；用隐藏非活动日期来选择活动日期，见表 4-23。

表 4-23　时钟

在 LOGO! 中的符号	接线	说　　明
No1 No2 No3　　Q	参数 No1, No2,No3	No(时间段)参数可设为 on 和 off,可为 7 天时钟开关设置每一种时间段模式
	Q 输出	当参数化模板开关为 on 时,Q 开关为 on 状态

时序图如图 4-13 所示（三个例子）。

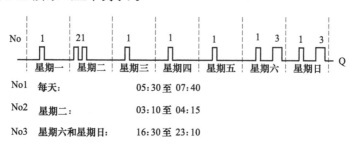

No1	每天:	05:30 至 07:40
No2	星期二:	03:10 至 04:15
No3	星期六和星期日:	16:30 至 23:10

图 4-13　时序图（三个例子）

功能说明如下：

每个时间开关可以设置三个时间段。

在接通时间时，如果输出未接通，则时间开关将输出接通。

在断开时间时，如果输出未断开，则时间开关将输出断开。

如果在一个时间段上设置的接通时间与时间开关的另一个时间段上设置的断开时间相同，则接通时间和断开时间发生冲突。在这种情况下，时间段 3 优先权高于时间段 2，时间段 2 优先权高于时间段 1。

［说明］

① 星期中的某一天（D）以字母代表如下：

M——星期一（第一位）；T——星期二（第二位）；W——星期三（第三位）；T——星期四（第四位）；F——星期五（第五位）；S——星期六（第六位）；S——星期日（第七位）。如空缺，用"_"表示。

② 时间开关设置。设定时间从 00：00 到 23：59 任选。__：__表示没有设置接通或断开时间开关。

③ 设置时钟开关。设置开关时间步骤如下：

a. 将光标置于一个时间开关段的 No 参数上，例如 No1。

b. 按 OK 键，LOGO! 打开该时间段的参数窗口，光标位于星期上。

c. 用▲和▼键选择星期中的某一天或某几天。

d. 用▶键将光标移到接通时间的第一个位置上。

e. 设置接通时间。用▲和▼键可改变设定值，用◀和▶键可将光标从一个位置移到另一个位置，在第一个数位的地方只能选择数值_：_（_：_表示时间开关没有设置）。

f. 用▶键将光标移到设置断开时间的第一个位置上。

g. 设置断开时间（同步骤⑤）。

h. 按 OK 键结束输入。光标位于参数 No2（时间段 2），可参数化另一个时间段。

[例 4-1] 每天的 05：30 到 7：40 为 7 日时钟开关的输出。另外，星期二可以在 03：10 到 4：15 输出，周末在 16：30 到 23：10 输出。试设计这三个时间段。

解 根据上面的时序图，给出时间段 1、时间 2 和时间段 3 的参数设置窗口。

时间段 1：在每天的 05：30 到 07：40，时间段 1 的 7 日时钟开关的输出接通，如图 4-14 所示。

时间段 2：每个星期二的 03：10 到 04：15，时间段 2 的星期二时钟开关的输出接通，如图 4-15 所示。

时间段 3：每个星期六和星期日的 16：30 到 23：10，时间段 3 的星期六和星期日时钟开关的输出接通，如图 4-16 所示。

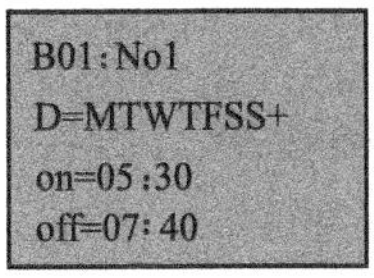

```
B01:No1                 B01:No2                 B01:No3
D=MTWTFSS+              D= - T - - - - +        D= - - - - - SS +
on=05:30               on=03:10               on=16:30
off=07:40              off=04:15              off=23:10
```

图 4-14　时间段 1 的参数设置窗口 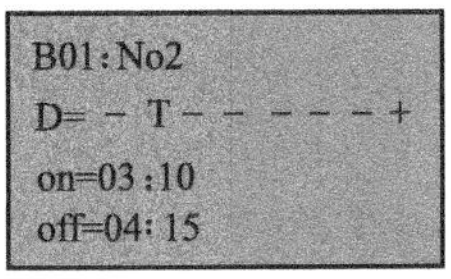　图 4-15　时间段 2 的参数设置窗口 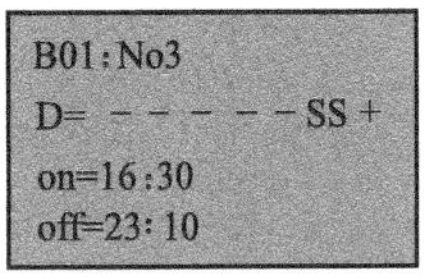　图 4-16　时间段 3 的参数设置窗口

最后结果参见图 4-13。

10）加/减计数器。接收到一个输入脉冲后，内部计数器开始根据参数的设定进行加或减计数；当到达定义值后，输出置位。计数的方向由一个单独的输入设置，见表 4-24。

表 4-24　加/减计数器

LOGO! 中的符号	接　线	说　明
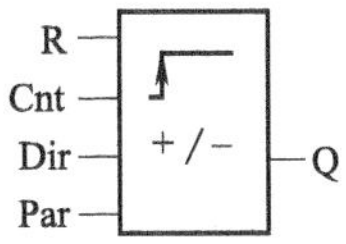	R 输入	通过 R（复位）输入复位内部计数器值并将输出清零
	Cnt 输入	在 Cnt（计数）输入时，计数器只计数从状态 0 到状态 1 的变化，而从状态 1 到状态 0 的变化是不计数的，输入连接器最大的计数频率为 5Hz
R Cnt Dir +/- Q Par	Dir 输入	通过 Dir（方向）输入来指定计数的方向，即 Dir=0：加计数 Dir=1：减计数
	Par 参数	Lim 为计数阈值，当内部计数器到达该值，输出置位。Rem 激活掉电保持
	Q 输出	当计数值到达时，输出（Q）接通

时序图如图 4-17 所示，其中，Cnt 为内部计数值。

功能说明如下：

在每次 Cnt 输入的上升沿，内部计数器加 1（Dir=0）或减 1（Dir=1），如内部计数器大于或等于设置的 Par 参数值，则输出（Q）设置为 1，可使用复位输入将内部计数器和输出复位为 "000000"，只要 R=1，输出（Q）即为 0，不再对输入 Cnt 计数。

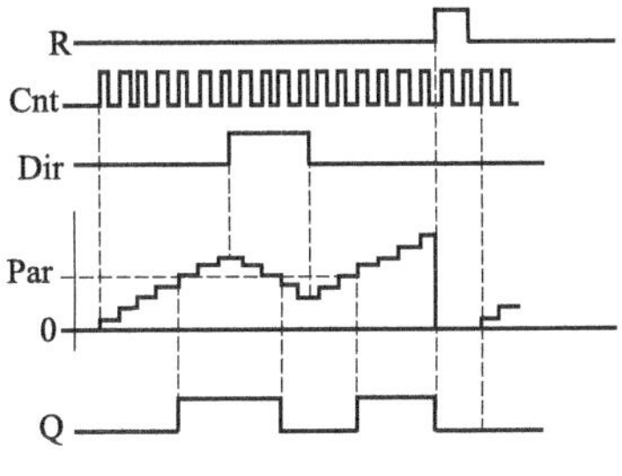

图 4-17　时序图

(5) LOGO! 的编程

所谓编程就是将控制线路转化为输入线路。程序实际上是由不同方式表达的线路的各个组成部分（功能块）。下面用实例说明从线路图到 LOGO! 程序的编程过程。

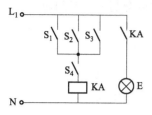

图 4-18　某电灯控制线路

某电灯控制线路如图 4-18 所示。通过开关 S_1（或 S_2）与 S_3 的闭合或断开，控制负载（灯）E 点亮或熄灭。当 S_1 或 S_2 闭合、S_3 也闭合时，继电器 K 吸合，其常开触点闭合，点亮灯 E。

① 编程　在 LOGO! 编程是从线路的输出开始的。输出是要操作的负载或继电器，本例为灯。将线路转换为功能块，从线路图的输出到输入逐步进行。

步骤 1：输出 Q_1，通过串联连接到开关 S_4。S_4 与另一个线路串联连接。串联连接相当于"与"（AND）功能块，如图 4-19 所示。

步骤 2：S_1、S_2 和 S_3 是并联连接，并联连接相当于"或"（OR）功能块，如图 4-20 所示。

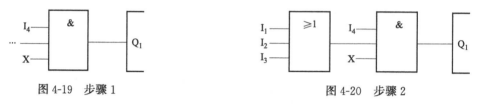

图 4-19　步骤 1　　　　　　　　　　图 4-20　步骤 2

该图是对 LOGO! 线路的完整描述，还需要将输入和输出连接到 LOGO!。

② 接线　将开关 S_1 接到 LOGO! 的接线端子 I_1；将开关 S_2 接到 LOGO! 的接线端子 I_2；将开关 S_3 接到 LOGO! 的接线端子 I_3；将开关 S_4 接到 LOGO! 的接线端子 I_4 上。

"或"（OR）功能块只用了两个输入点，第三个输入点必须标记为没有使用，在其旁边用×表示。同样，"与"（AND）功能块也只用了两个输入点，第三个输入点也需在其旁边用×标示。

"与"（AND）功能块控制输出点 Q 的继电器，负载 E 连接到输出点 Q_1。

图 4-18 所示控制线路在 LOGO! 通用逻辑模块的实际接线如图 4-21 所示。

如果负载容量大，则可通过 LOGO! 内部的输出继电器 Q_1 触点，带动外加接触器，再去控制负载。

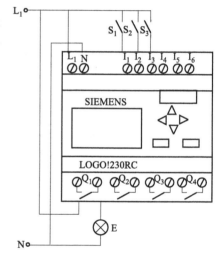

图 4-21　实际接线图

4.2　LOGO! 控制电动机运转线路

4.2.1　LOGO!　230RC 控制的刮泥机线路

沉淀均化池刮泥机工作示意图如图 4-22 所示。

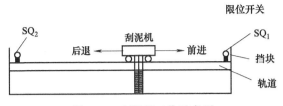

图 4-22　刮泥机工作示意图

(1) 传统继电式控制线路

传统继电式控制线路如图 4-23 所示。

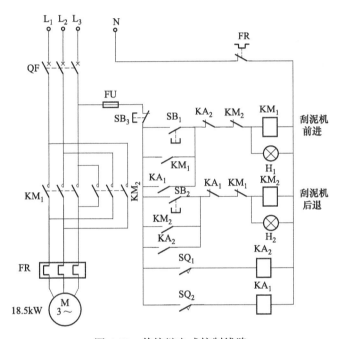

图 4-23　传统继电式控制线路

工作原理：按下前进启动按钮 SB_1，接触器 KM_1 得电吸合并自锁，电动机正转，带动刮泥机向前运动，指示灯 H_1 点亮。当前进至限位开关 SQ_1 处时，SQ_1 常开触点闭合，中间继电器 KA_2 得电吸合，其常闭触点断开，KM_1 失电释放，KA_2 常开触点闭合，接触器 KM_2 得电吸合并自锁，电动机反转，带动刮泥机向后运动，指示灯 H_2 点亮。当后退至限位开关 SQ_2 处时 SQ_2 的常开触点闭合，中间继电器 KA_1 得电吸合，KM_2 失电释放，KM_1 得电吸合并自锁，电动机正转，带动刮泥机向前运动。如此循环往复地工作。若先按下后退启动按钮 SB_2，则工作原理类似。旋转停止按钮 SB_3（LA18-22×2 型），刮泥机停止工作。

(2) LOGO! 接线图

可选用 LOGO! 230RC 逻辑模块。该模块为六点输入、四点继电器输出，详细的技术数据见表 4-2。电源采用交流 220V，LOGO! 230RC 接线如图 4-24 所示。

工作原理：旋转停止按钮 SB_3，使其复位（触点闭合），控制系统处于待启动状态。此时，$I_1 = I_2 = 1$（1 为有工作电压；0 为无工作电压）。按下前进启动按钮 SB_1，$Q_1 = 1$（即内部继电器 Q_1 触点闭合），接触器 KM_1 得电吸合，电动机正转，刮泥机前进，指示灯 H_1

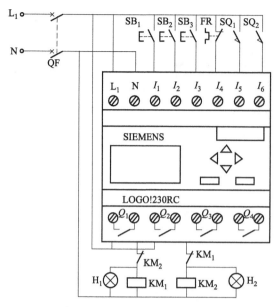

图 4-24　LOGO! 230RC 接线图

点亮。当刮泥机挡铁前进至限位开关 SQ_1 处时，$I_5=1$，$Q_1=0$（即内部继电器 Q_1 触点断开），KM_1 失电释放，电动机停转。经接通延时 2s 后，使 $Q_2=1$，KM_2 得电吸合，刮泥机后退，指示灯 H_2 点亮。当刮泥机挡铁后退至限位开关 SQ_2 处时，$I_6=1$，$Q_2=0$，KM_2 失电释放，电动机停转。经接通延时 2s 后，使 $Q_1=1$，刮泥机又前进。如此往复地工作。若先按下后退启动按钮 SB_2，则工作原理类似。

在电动机正转、反转转换过程中延时 2s，是为了避免正转、反转时的电流冲击及机械冲击，延长了刮泥机使用寿命。

(3) 控制系统功能块图（逻辑图）

控制系统功能块图如图 4-25 所示。

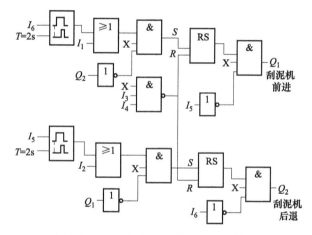

图 4-25　LOGO! 230RC 控制系统功能块图

(4) 调试

暂不接入电动机，先试验接触器 KM_1、KM_2 动作情况。合上断路器 QF，将停止按钮 SB_3 旋转到闭合位置。按下前进启动按钮 SB_1，KM_1 应吸合，指示灯 H_1 点亮。按动限位开关 SQ_1，KM_1 应释放，经 2s 延时后，KM_2 应吸合。按动限位开关 SQ_2，KM_2 应释放，经 2s 延时后，KM_1 应吸合。指示灯 H_2 点亮。将热继电器 FR 常闭触点接线断开，或将停止按钮 SB_3 旋转到断开位置，接触器应释放。

再按下后退启动按钮 SB_2，试验后退的工作情况。

如果接触器动作不正常，应先检查 LOGO! 230RC 的外围接线是否正确。若外围接线正确，则应检查 LOGO! 230RC 逻辑图。如果延时时间太短，可按 LOGO! 使用说明书对延时时间作出修正。

以上试验正常后，再接入电动机进行现场试验。

4.2.2 LOGO! 230RC 控制的通风系统线路

(1) 通风系统

通风系统如图 4-26 所示。该系统安装有废气排出装置和新鲜空气送入装置。

图 4-26 某通风系统

由流量传感器控制送风和排气装置，并要求：

① 在任何时候室内都不允许形成过压。

② 只有当流量监视器指示废气排气装置工作正常时，新鲜空气送风装置才能投入运行。

③ 如送风装置或排气装置出现故障，则报警灯亮。

(2) 传统继电式控制线路

传统继电式控制线路如图 4-27 所示。图中，由接触器 KM_1 控制废气排出电动机，由 KM_2 控制新鲜空气送入电动机；S_1 为废气排气装置处的流量监视器压力控制触点，S_2 为新鲜空气送风装置处的流量监视压力控制触点，当气压小于规定值时，S_1 或 S_2 触点闭合；KT_1、KT_2 为时间继电器；KA 为故障报警中间继电器；SB_1 为启动按钮，SB_2 为停止按钮；H_1 为新鲜空气送风指示灯，H_2 为故障报警信号灯。

通风系统由流量监视器控制。当室内没有空气流通时，等待一个短暂时间，系统断开并报警。这时，用户应按停止按钮 SB_2，停电并处理故障。

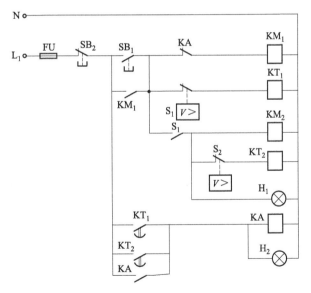

图 4-27 通风系统传统继电式控制线路

(3) LOGO! 230RC 接线图

LOGO! 230RC 接线如图 4-28 所示。如果在发生故障时需电铃报警，则可在信号灯 H_2 回路并联一个电铃即可。

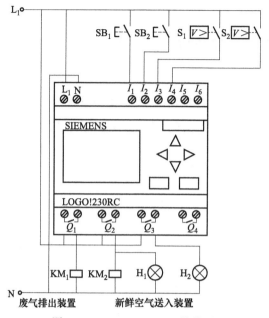

图 4-28　LOGO! 230RC 接线图

(4) 控制系统功能块图

控制系统功能块图如图 4-29 所示。

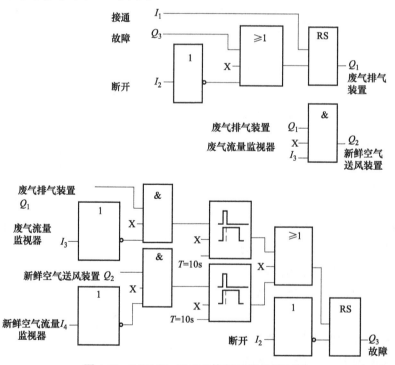

图 4-29　LOGO! 230RC 控制系统功能块图

空余输出端 Q_4 可用于故障事件或电源故障的信号触点，如图 4-30 所示。系统运行时，输出端 Q_4 的触点是常闭的。除非电源故障或系统故障，继电器 Q_4 的触点是不会释放的。用它可作为远程故障指示。

（5）调试

暂不接入两台风机，先试验接触器 KM$_1$、KM$_2$ 动作情况。接通 LOGO! 电源，按下废气排出风机启动按钮 SB$_1$，KM$_1$ 应吸合；按下新鲜空气送入启动按钮 SB$_2$，KM$_2$ 应吸合，指示灯 H$_1$ 点亮。按下流量监视压力控制触点 S$_1$ 或 S$_2$，经过数秒的延时后，指示灯 H$_2$ 点亮。

图 4-30　通过空余输出端 Q$_4$ 生成一个信息

以上试验正常后，再将两台风机接入进行现场试验，并认真调整流量监视压力继电器的动作值。

4.2.3　LOGO! 230RC 控制的洗坛机线路

洗坛机是一种用于清洗酒坛、酱油坛、萝卜干坛、酱菜坛等常用坛的小型设备。

（1）传统继电式控制线路

传统继电式控制线路的主电路如图 4-31 所示。

工作原理：设备启动后，电动机 M$_1$ 负责传输带的传送，在行程开关闭合后 M$_1$ 停止。电动机 M$_2$、M$_3$ 延时启动后，先后正、反转对坛进行清洗。电动机 M$_4$ 负责清洗过程中的供水。在一个过程完成后，M$_1$ 冲开行程开关，强行启动。由于整个过程要求长期运行并反复动作，因此采用传统继电器控制，系统会因继电器触点等故障而工作不可靠。

（2）LOGO! 230RC 接线图

LOGO! 230RC 接线图如图 4-32 所示。

图中，SB$_1$ 为启动按钮，SB$_2$ 为停止按钮，SQ$_1$ 为行程开关常开触点，SQ$_2$、SQ$_3$ 为两个事故行程开关常开触点。

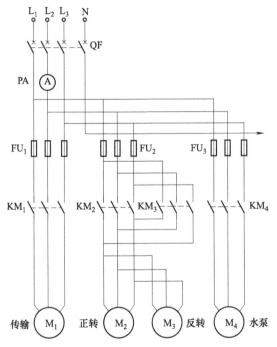

图 4-31　传统继电式控制线路的主电路

工作原理：接通电源，电源指示灯 H$_5$ 点亮。按下启动按钮 SB$_1$，I$_1$＝1，Q$_1$＝1。接触器 KM$_1$ 吸合，电动机 M$_1$ 启动运行，带动传输带输送坛子，指示灯 H$_1$ 点亮。当坛子到达预定位置时，行程开关 SQ$_1$ 闭合（压合），Q$_1$＝0，KM$_1$ 失电释放，H$_1$ 熄灭，传送带停止输送。同时，Q$_2$＝1，接触器 KM$_2$ 吸合，电动机 M$_2$ 正转洗坛，指示灯 H$_2$ 点亮。经过 5s 延时后（可调），Q$_2$＝0，KM$_2$ 失电释放，H$_2$ 熄灭。同时，Q$_3$＝1，接触器 KM$_3$ 吸合，电动机 M$_3$ 反转洗坛，指示灯 H$_3$ 点亮。又经过 5s 延时后（可调），Q$_3$＝0，Q$_1$＝1。于是，继续下一循环。在 Q$_2$、Q$_3$ 动作的同时，Q$_4$＝1，接触器 KM$_4$ 吸合，水泵电动机 M$_4$ 供给洗坛用水，指示灯 H$_4$ 点亮。在电动机 M$_2$、M$_3$ 先后正反转运行时，指示灯 H$_2$、H$_3$ 交替点亮和熄灭，以便操作台上的工作人员监视系统工作情况。当按下停止按钮 SB$_2$ 或两个事故

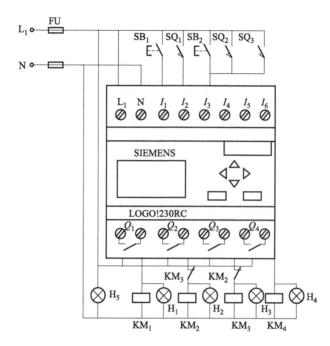

图 4-32　LOGO！230RC 接线图

行程开关 SQ_2、SQ_3 闭合时 $Q_1 = Q_2 = Q_3 = Q_4 = 0$，所有电动机均停止运行。

（3）控制系统功能块图

控制系统功能块图如图 4-33 所示。

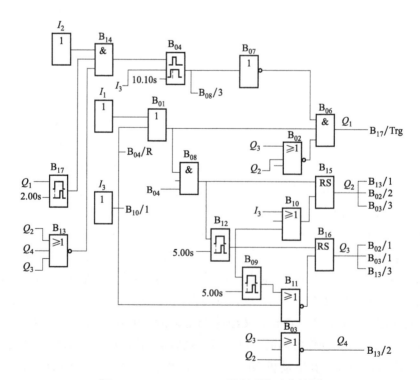

图 4-33　LOGO！230RC 控制系统功能块图

(4) 调试

暂不接入电动机，先试验接触器 $KM_1 \sim KM_4$ 的动作情况。接通电源，指示灯 H_5 应点亮。按下启动按钮 SB_1，KM_1 应吸合，指示灯 H_1 点亮。按下行程开关 SQ_1（可用导线同时碰触 I_2 端子和相线 L 代替），KM_1 应释放，H_1 熄灭。同时，KM_2 应吸合，H_2 点亮。经过 5s 延时后，KM_2 释放，H_2 熄灭，KM_3 应吸合，H_3 点亮。再经过 5s 延时后，KM_3 释放，H_3 熄灭。同时注意观察，在 KM_2、KM_3 中任何一个吸合时，KM_4 都应吸合，H_5 点亮。而正、反转指示灯 H_2、H_3 交替点亮和熄灭。按下停止按钮 SB_2 或按压事故行程开关 SQ_2、SQ_3 时（可用导线同时碰触 I_3 端子和相线 L 代替），接触器 $KM_1 \sim KM_4$ 均应释放。

以上试验正常后，再接入电动机和水泵进行现场试验。现场试验包括确定行程开关 SQ_1 的正确动作时间（即具体安装位置）和各行程开关动作的可靠性。

4.2.4 LOGO! 230RC 控制的电动大门线路

(1) 大门控制系统

在公司或企业等场所的入口处往往有一个大门，这个大门由门卫控制开与关，如图 4-34 所示。大门控制系统的要求：

① 门卫在警卫室通过按钮打开、关闭和监视大门。

② 大门通常是完全打开或完全关闭的。但门卫可以控制开关门动作在任何时候中断。

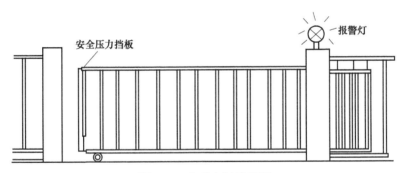

图 4-34 电动大门示意图

③ 在大门即将动作前 5s，报警灯开始闪烁，只要门在移动，报警灯就持续闪烁。

④ 安装有安全压力挡板，保证门关闭时不会有人受伤和不会夹住或损坏物品。

(2) 传统继电式控制线路

电动大门传统继电式控制线路如图 4-35 所示。

图中，SQ_1 为开门限位开关，门完全打开时触点断开；SQ_2 为关门限位开关，门完全关闭时触点断开；SQ_3 为安全压力挡板的压力开关；S_1 为开门开关；S_2 为关门开关。

工作原理：开门时，按下开门按钮 SB_1。只要开门限位开关 SQ_1 处于闭合状态，继电器 KA_1 得电吸合，其常开触点闭合，报警灯 H 闪烁。与此同时，时间继电器 KT_1 线圈得电，经过 5s 延时，其延时闭合常开触点闭合，开门接触器 KM_1 得电吸合，电动机 M 正转，带动大门开门。当大门完全打开时，开门限位开关 SQ_1 触点断开，KM_1 和 KT_1 均失电释放，电动机停止运行。

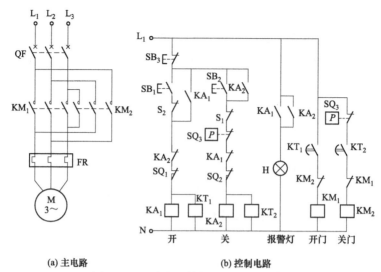

(a) 主电路 (b) 控制电路

图 4-35　电动大门传统继电式控制线路

关门的过程与开门的过程类同，只不过在关门继电器 KA_2 回路串接有安全压力挡板的压力开关 SQ_3。当人体或物体被卡时，SQ_3 触点断开，使 KA_2 和 KT_2 失电，关门接触器 KM_2 失电释放，电动机停止运转，从而确保人和物的安全。

在开门和关门过程中，按下停止按钮 SB_3，开和关继电器回路断电，开和关接触器 KM_1 和 KM_2 失电释放，电动机停止运行，大门停止在中间任意位置。

(3) LOGO! 230RC 接线图

LOGO! 230RC 接线如图 4-36 所示。

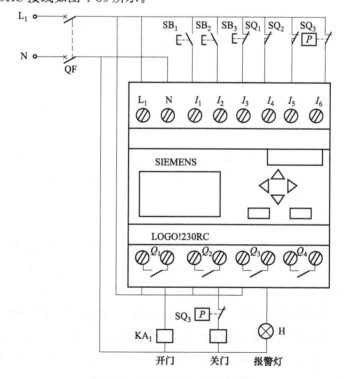

图 4-36　LOGO! 230RC 接线图

工作原理：开门时，按下开门按钮 SB_1，$I_1=1$，$Q_3=1$，报警灯 H 闪烁。经 5s 延时，$Q_1=1$，继电器 KA_1 得电吸合，其常开触点闭合，接触器 KM_1 得电吸合，电动机正转，开门。关门时，按下关门按钮 SB_2，$I_2=1$，$Q_3=1$，H 闪烁。经 5s 延时，$Q_2=1$，继电器 KA_2 得电吸合，KM_2 得电吸合，电动机反转，关门。当限位开关 SQ_1、SQ_2 及安全压力挡板触点断开时，$Q_1=Q_2=0$，KA_1、KA_2 均失电释放，电动机停止运行。

(4) 控制系统功能块图

控制系统功能块图如图 4-37 所示。

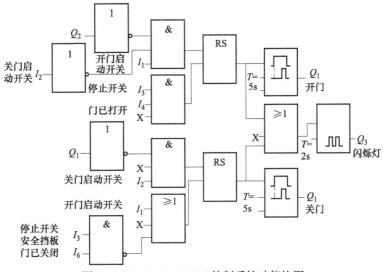

图 4-37　LOGO! 230RC 控制系统功能块图

(5) LOGO! 的增强功能方案

如果要求当安全挡板起作用时，门会再度自动打开，则 LOGO! 230RC 控制系统增强功能块图如图 4-38 所示。

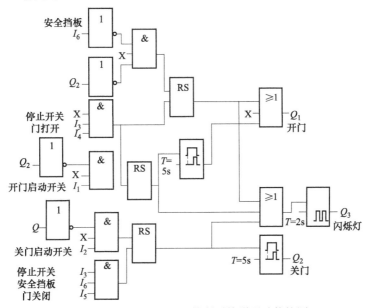

图 4-38　LOGO! 230RC 控制系统增强功能块图

4.2.5 LOGO! 230RC 控制的自动门线路

(1) 自动门系统

在宾馆、饭店、银行等入口处，很多使用自动门。自动门的检测器及限位开关等元件安装位置如图 4-39 所示。通常，门由具有安全离合器的电动机驱动，这样可避免将人夹伤。控制系统通过主开关连接到主电源。自动门动作要求：

① 有人接近时，门自动打开。

② 门保持打开，直到到门的通道上已没有任何人。

③ 当门的通道已没有任何人时，门在很短时间内自动关闭。

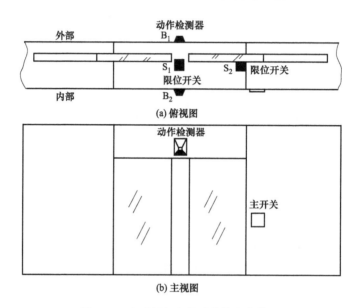

图 4-39 自动门各有关元件的安装位置

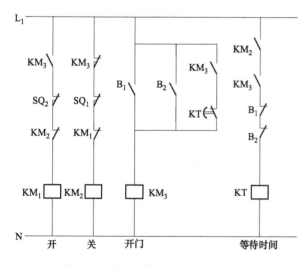

图 4-40 自动门传统继电式控制线路

(2) 传统继电式控制线路

传统继电式控制线路如图 4-40 所示。

图中，B_1 为门外的红外线动作检测器，B_2 为门内的红外线动作检测器，SQ_1 为关门限位开关，SQ_2 为开门限位开关。

工作原理：当动作检测器 B_1 或 B_2 检测到有人出现时，其触点闭合，开门接触器 KM_3 得电吸合，并自锁（因为这时时间继电器 KT 是失电的），将门打开。如果两个检测器在一个很短时间内均没有检测到有人出现，由于 KM_1

和 KM$_3$ 常开辅助触点处于闭合状态，又由于 B$_1$、B$_2$ 常闭触点是闭合的，因此时间继电器

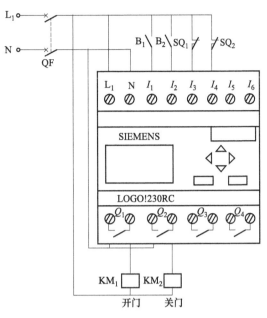

KT 线圈通电，其延时断开常闭触点断开，KM$_3$ 失电释放，KM$_3$ 常开辅助触点断开，开门接触器 KM$_1$ 失电释放，KM$_1$、KM$_3$ 常闭辅助触点均闭合，关门接触器 KM$_2$ 得电吸合，将门关闭。

当门开至最大时，开门限位开关 SQ$_2$ 触点断开，停止开门；当关门至闭合时，关门限位开关 SQ$_1$ 触点断开，停止关门。

(3) LOGO! 230RC 接线图

LOGO! 230RC 接线如图 4-41 所示。

工作原理：当动作检测器 B$_1$ 或 B$_2$ 检测到有人出现时，其触点闭合 $I_1=1$ 或 $I_2=1$，$Q_1=1$。开门接触器 KM$_1$ 得电吸合，将门打开。如果两个检测器在一个很短时间内均没有检测到有人出现，它们的触点断开。经过 LOGO! 230RC 内部约 4s 延时后，$Q_1=0$，$Q_2=1$，KM$_1$ 失电释放，KM$_2$ 得电吸合，将门关闭。

图 4-41　LOGO! 230RC 接线图

(4) 控制系统功能块图

LOGO! 230RC 控制系统功能块图如图 4-42 所示。

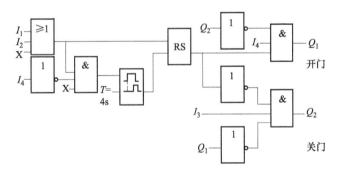

图 4-42　LOGO! 230RC 控制系统功能块图

参 考 文 献

［1］方大千. 电子及电力电子器件实用技术问答. 北京：金盾出版社，2009.

［2］方大千，朱丽宁等. 变频器、软启动器及 PLC 实用技术手册. 北京：化学工业出版社，2014.

［3］方大千，朱征涛等. 电动机控制装置选用·安装·调试. 北京：化学工业出版社，2016.

［4］方大千，方成，方立等. 电工电路图集（精华本）. 北京：化学工业出版社，2015.

［5］杨清德. 电工电路. 北京：化学工业出版社，2015.

化学工业出版社电气类图书推荐

书号	书　名	开本	装订	定价/元
19148	电气工程师手册（供配电）	16	平装	198
21527	实用电工速查速算手册	大32	精装	178
21727	节约用电实用技术手册	大32	精装	148
20260	实用电子及晶闸管电路速查速算手册	大32	精装	98
22597	装修电工实用技术手册	大32	平装	88
18334	实用继电保护及二次回路速查速算手册	大32	精装	98
25618	实用变频器、软启动器及PLC实用技术手册（简装版）	大32	平装	39
19705	高压电工上岗应试读本	大32	平装	49
22417	低压电工上岗应试读本	大32	平装	49
20493	电工手册——基础卷	大32	平装	58
21160	电工手册——工矿用电卷	大32	平装	68
20720	电工手册——变压器卷	大32	平装	58
20984	电工手册——电动机卷	大32	平装	88
21416	电工手册——高低压电器卷	大32	平装	88
23123	电气二次回路识图（第二版）	B5	平装	48
22018	电子制作基础与实践	16	平装	46
22213	家电维修快捷入门	16	平装	49
20377	小家电维修快捷入门	16	平装	48
19710	电机修理计算与应用	大32	平装	68
20628	电气设备故障诊断与维修手册	16	精装	88
21760	电气工程制图与识图	16	平装	49
21875	西门子S7-300PLC编程入门及工程实践	16	平装	58
18786	让单片机更好玩：零基础学用51单片机	16	平装	88
12313	电厂实用技术读本系列——汽轮机运行及事故处理	16	平装	58
13552	电厂实用技术读本系列——电气运行及事故处理	16	平装	58
13781	电厂实用技术读本系列——化学运行及事故处理	16	平装	58
14428	电厂实用技术读本系列——热工仪表及自动控制系统	16	平装	48
17357	电厂实用技术读本系列——锅炉运行及事故处理	16	平装	59
14807	农村电工速查速算手册	大32	平装	49
14725	电气设备倒闸操作与事故处理700问	大32	平装	48
15374	柴油发电机组实用技术技能	16	平装	78
15431	中小型变压器使用与维护手册	B5	精装	88
16590	常用电气控制电路300例（第二版）	16	平装	48
15985	电力拖动自动控制系统	16	平装	39
15777	高低压电器维修技术手册	大32	精装	98
15836	实用输配电速查速算手册	大32	精装	58
16031	实用电动机速查速算手册	大32	精装	78
16346	实用高低压电器速查速算手册	大32	精装	68
16450	实用变压器速查速算手册	大32	精装	58
16883	实用电工材料速查手册	大32	精装	78
17228	实用水泵、风机和起重机速查速算手册	大32	精装	58
18545	图表轻松学电工丛书——电工基本技能	16	平装	49
18200	图表轻松学电工丛书——变压器使用与维修	16	平装	48
18052	图表轻松学电工丛书——电动机使用与维修	16	平装	48
18198	图表轻松学电工丛书——低压电器使用与维护	16	平装	48
18943	电气安全技术及事故案例分析	大32	平装	58
18450	电动机控制电路识图一看就懂	16	平装	59

书号	书　名	开本	装订	定价/元
16151	实用电工技术问答详解（上册）	大 32	平装	58
16802	实用电工技术问答详解（下册）	大 32	平装	48
17469	学会电工技术就这么容易	大 32	平装	29
17468	学会电工识图就这么容易	大 32	平装	29
15314	维修电工操作技能手册	大 32	平装	49
17706	维修电工技师手册	大 32	平装	58
16804	低压电器与电气控制技术问答	大 32	平装	39
20806	电机与变压器维修技术问答	大 32	平装	39
20024	电机绕组布线接线彩色图册（第二版）	大 32	平装	68
20239	电气设备选择与计算实例	16	平装	48
21702	变压器维修技术	16	平装	49
21824	太阳能光伏发电系统及其应用（第二版）	16	平装	58
23556	怎样看懂电气图	16	平装	39
23328	电工必备数据大全	16	平装	78
23469	电工控制电路图集（精华本）	16	平装	88
24169	电子电路图集（精华本）	16	平装	88
24306	电工工长手册	16	平装	68
23324	内燃发电机组技术手册	16	平装	188
24795	电机绕组端面模拟彩图总集（第一分册）	大 32	平装	88
24844	电机绕组端面模拟彩图总集（第二分册）	大 32	平装	68
25054	电机绕组端面模拟彩图总集（第三分册）	大 32	平装	68
25053	电机绕组端面模拟彩图总集（第四分册）	大 32	平装	68
25894	袖珍电工技能手册	大 64	精装	48
25650	电工技术 600 问	大 32	平装	68
25674	电子制作 128 例	大 32	平装	48
29117	电工电路布线接线一学就会	16	平装	68
28158	电工技能现场全能通（入门篇）	16	平装	58
28615	电工技能现场全能通（提高篇）	16	平装	58
28729	电工技能现场全能通（精通篇）	16	平装	58
27253	电工基础	16	平装	48
27146	维修电工	16	平装	48
28754	电工技能	16	平装	48
29467	电子元器件及应用电路	16	平装	48
29957	电工线路安装与调试	16	平装	48
30519	电工识图	16	平装	48
29258	电工技术问答	大 32	平装	58
27870	图解家装电工快捷入门	大 32	平装	28
27878	图解水电工快捷入门	大 32	平装	28

　　以上图书由**化学工业出版社　机械电气出版中心**出版。如要以上图书的内容简介和详细目录，或者更多的专业图书信息，请登录 www.cip.com.cn。

　　地址：北京市东城区青年湖南街 13 号（100011）

　　购书咨询：010-64518888

　　如要出版新著，请与编辑联系。

　　编辑电话：010-64519265

　　投稿邮箱：gmr9825@163.com